大和御廚

魚料理

瑞昇文化

大和御廚 魚料理

從高檔魚到平價魚，將魚類變身為繽紛料理的技法指南

目次

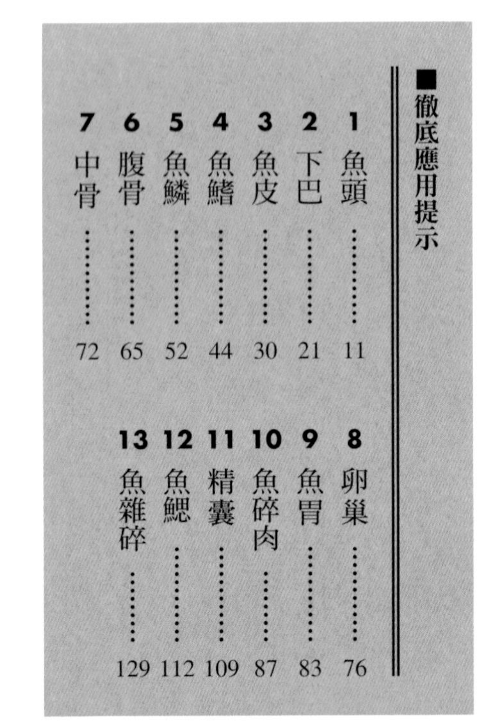

■徹底應用提示

彩頁　做法

比目魚

鱸魚

沙丁魚

鯖魚

竹筴魚

紅鮒

白鮒

■使用本書前

・本書是將旭屋出版MOOK的「日本料理之全魚徹底應用料理」加入新菜餚後，重新編輯、改標後出版成冊。

・本書從高檔魚到平價魚中，挑選了16種日本料理店、和食店、割烹、居酒屋常使用的魚類，並針對這些魚體部位，以物盡其用的觀點、思維，做成相當多樣的料理，並依魚種逐一介紹。

・其中更針對魚皮、魚鰓、中骨、魚胃等平常較不會使用的部分，以專欄做解說。當然，這些料理解說的最後都有列出使用的部位食材。

・針對以平常較少使用的魚體部位做成的料理，則是用線框起，讓讀者更容易理解。

・魚名稱法雖然會依地區有所不同，但書中基本上會標列標準名稱，或是一般較常使用的名稱。

・切魚時所使用的詞彙，雖然也會依不同地區有所差異，但本書會統一使用下頁的「魚類名稱部位」，敬請各位參照下頁內容。

・材料與調味料的份量則會依料理份量、材料狀態、時期、客層而有所差異。敬請各位視情況與喜好做調整。

本書使用的魚類名稱部位

處理魚的過程中，會出現幾個魚才會使用的名稱。雖然都是比較陌生的詞彙，只要記住，在切魚時，就會是相當方便的專門用語。

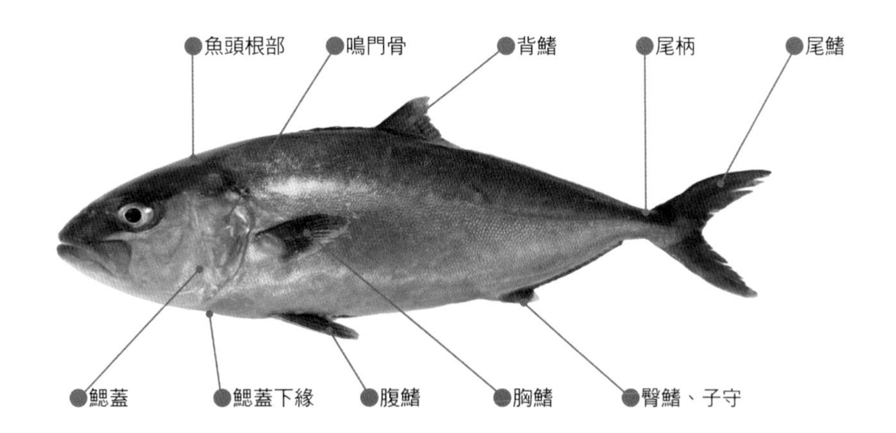

●**魚頭根部**……日文為うなもと。相當於人類的脖頸。
●**鳴門骨**………日文為うぐいす骨。魚鰓上的小塊硬骨。
●**鰓蓋下緣**……日文為つりがね。連接下巴處的魚鰓及魚肚。
●**尾柄**…………魚尾根部寬度較細的部分。
●**子守**…………母魚在產卵時，會順著尾鰭將魚卵產在岩石等處，因此臀鰭的日文又稱子守。

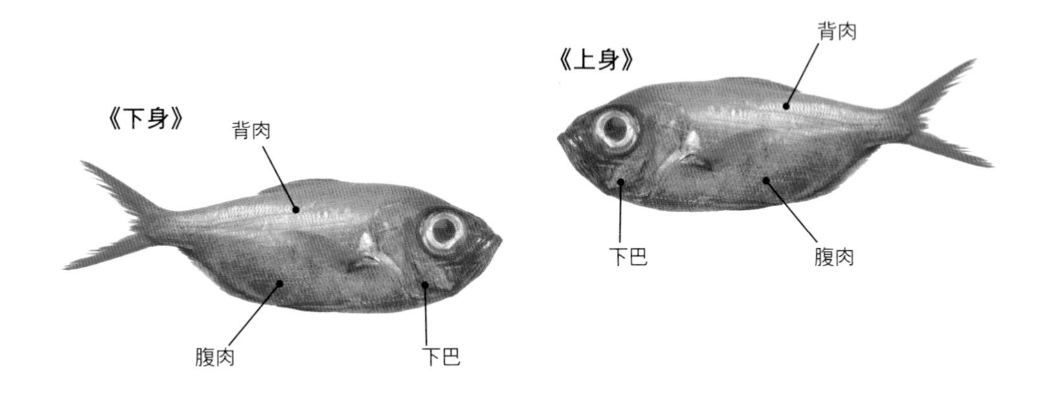

《上身（うわみ）**・下身**（したみ）**》**
魚頭朝左，魚肚朝自己時，中骨以上的部分稱上身，以下的部分則稱下身。相同文字，但日文念法為「じょうみ」的話，則是指將切下的魚塊剝皮、去腹骨，能立刻使用的魚肉。
《逆刃握法》
切魚時的一種刀法，是指將刀刃朝上，以向外推出的方式切魚。

紅喉

紅喉在近幾年的人氣高漲，不出多久的時間就晉身高檔魚類，非常受到歡迎。紅喉的標準日文名為赤鯥，以前會被用來紅燒，做成熟食配菜。紅喉為白肉，油脂多，鮮味強烈。不只日本料理店，就連在壽司店也相當有人氣。寒冷時節在日本海側所捕獲的紅喉最美味。

碗物

紅喉　濱防風　州濱柚子

這是道能享受紅喉富含油脂肉身的碗物料理。昆布高湯會比柴魚高湯更相搭。雖然魚皮帶紅較好看，但為了能品嘗出美味，就必須烤到稍微帶黑。加在湯裡的佐料為州濱柚子。

紅喉烤物

筍子

說到紅喉，當然就要做成烤物。為了能享受當季滋味，這裡與筍子做組合，更加強調季節氛圍。紅喉富含油脂，因此務必佐上白蘿蔔泥。

紅喉烤物

葉形生薑　濱防風

在料理這道烤物時，可盡量保留魚皮的紅色。想品嘗美味的話，建議烤到像前頁一樣的程度，但若優先考量視覺效果，就必須稍微收斂燒烤程度。

徹底應用提示〔1〕

魚頭

鯛魚及馬頭魚等魚類的頭部特別珍貴。其他魚種的魚頭同樣富含鈣質，眼睛四周的魚肉風味最佳，敬請多加利用。

將紅喉、石狗公、金目鯛或白鯧等魚骨較軟的魚類撒鹽後，靜置1晚，只要烤過品嘗起來就充滿香氣。若是鯖魚、竹筴魚、沙丁魚等魚骨稍硬的魚類，可先烤再炸，同樣能咀嚼咬碎。是非常適合配啤酒的簡單小菜。

鹽烤紅喉兜

襌梅　田島

紅喉的魚頭（日文為兜、魚頭）也很美味，只要充分烘烤，魚骨就能烤軟到能直接品嘗。處理紅喉時，為了讓魚頭的形狀更漂亮，可連同胸鰭一起切取魚頭。燒烤時，在魚鰭抹點化妝鹽，烤起來會更漂亮。

活用材料＝魚頭

紅喉摺流湯

以紅喉的魚雜碎淬取高湯，就是道做法比想像中簡單的摺流湯。紅喉濃郁的鮮味令人印象深刻。用3條紅喉的魚頭及中骨等魚雜碎，就能做成10人份的湯品。

活用材料＝魚頭、中骨

將紅喉的魚頭、中骨等魚雜碎撒鹽，靜置約1小時後，放進烤爐烤到酥脆。接著用魚骨淬取高湯，做成摺流湯。

 ● 紅喉 ■ 做法在161頁

紅喉宮重蒸

將滿富油脂的紅喉，做成口感滑順，充滿魅力的蒸物供人享用。勾芡則是使用白蘿蔔搭配蛋白，使用麻糬或百合根也非常加分。比起蕪菁，紅喉似乎與白蘿蔔更為相搭。

火取紅喉

濱防風　生薑

這是將魚皮加熱，去除多餘油脂的同時，還能享受紅喉香氣的烹調法。紅喉油脂豐富，直接生食會太過油膩，因此推薦以此方法處理。

將燙熱的金屬串叉靠在紅喉魚皮上，僅對魚皮加熱，去除多餘油脂，使其散發香氣。

切魚時的重點

切成三片，削切掉腹骨，處理好魚肉。腹骨可用烤的或是放入碗物中。中骨、魚鰭及魚頭則可直接燒烤，或是做成湯注料理、魚鰭酒。魚肝可做成鹽辛料理。

紅喉是魚骨最軟的紅皮魚，因此處理難度也較高。切魚時，若不使用鋒利菜刀，避免無謂施力的話，就會切到魚骨，無法將魚切得漂亮。

此外，既然魚骨軟，就表示整條魚本身偏軟，原則上就必須先取出內臟後，再來切魚。

迅速處理內臟，避免殘留臭味

紅喉的內臟腥味和河豚一樣重，因此從魚體取出內臟後，區分出能用於料理的魚鰓及魚肝，並立刻將剩餘的內臟包裹丟棄，也是相當重要的步驟。

紅喉多半會做成烤物、生魚片、碗物、蒸物等料理，產季為12月至3月中旬。

取重約600g的紅喉，以三片切法處理，並用各部位做成料理。若是300g的小型紅喉，無須切開魚肚，直接從魚鰓拉出內臟後，最適合以鹽烤烹調。

紅喉的魚骨及魚鰭亦是美味，三片切法所取得的中骨、魚頭、魚鰭可直接烤過，做成湯注料理或魚鰭酒。本書的做法是將魚骨及魚鰭充分烤過並磨碎，再煮成湯汁，做成搯流料理。2～3條較大條的紅喉可做成10人份的湯品。

三片切法

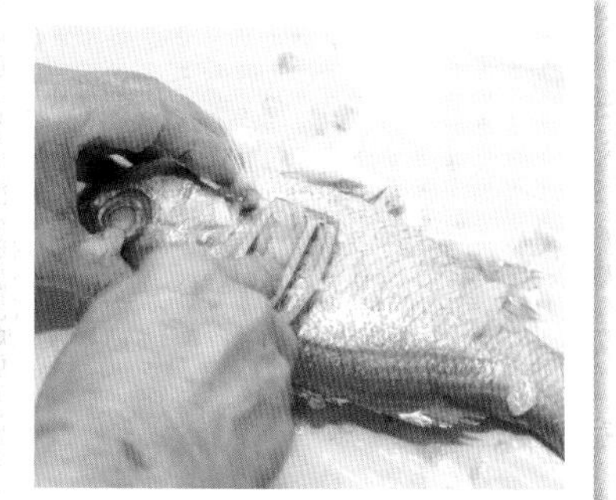

1

於下方鋪紙，刮掉魚鱗。立起胸鰭，刮除靠近根部的魚鱗。

2

從魚嘴插入1支衛生筷，接著從魚鰓外側，沿著內臟外側，直接插至肛門處。

3

第2支筷子也以相同方式插入，夾住魚鰓及內臟。接著邊轉動筷子，邊拉出內臟。

4

區分出肝臟及魚鰓後，將剩餘的內臟以舖在下方的紙張包裹，並迅速丟棄。

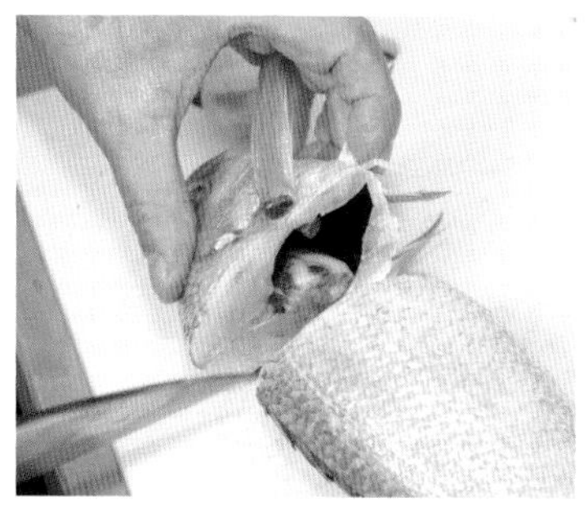

5

水洗腹部，拭乾水分後，立起胸鰭，從下巴下方切開魚頭。

6

先從上身開始處理。在魚尾劃刀，將菜刀放倒，從魚尾切口入刀至背部。魚骨很軟，因此無須施力，切開時，感覺就像是將菜刀靠在魚骨上。

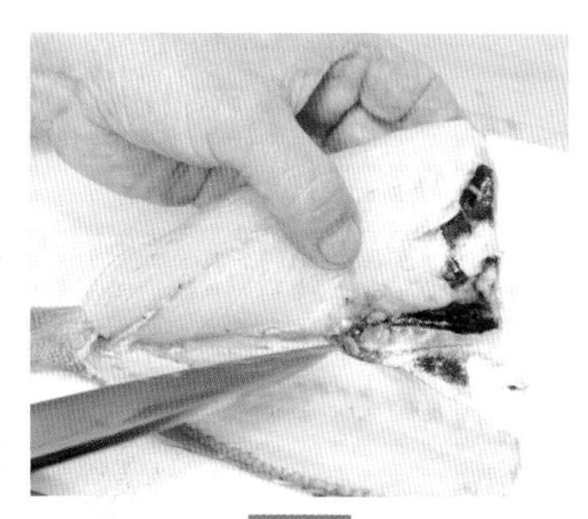

7

切取下身。讓魚尾朝左，魚背朝自己，一路劃刀，感覺就像是將菜刀靠在中骨上。

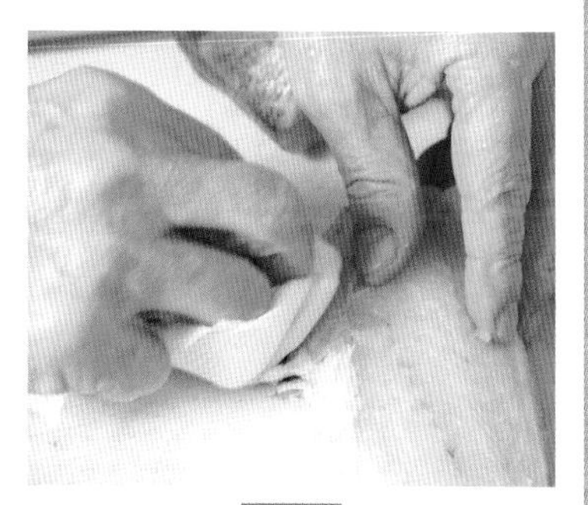

8

用毛巾擦掉腹骨四周的黑膜。留在魚肉裡的中骨很硬，須以鑷子拔出。

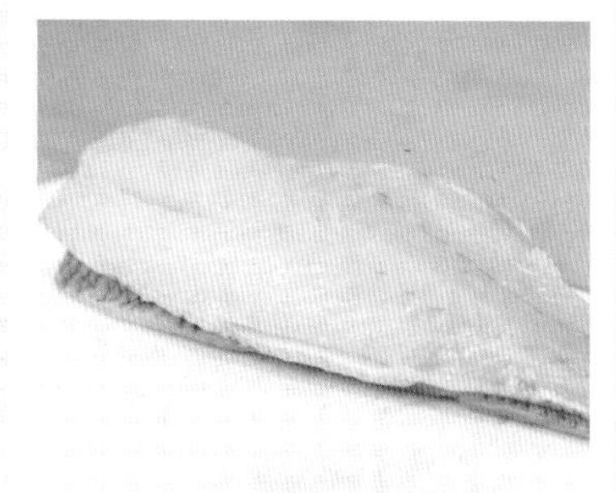

9

處理好魚肉後，將魚皮面朝魚皮擺放，避免褪色。若空間足夠，則可將魚皮朝下擺放。

金目鯛

近幾年最火紅的魚類之一。無論是生食或加熱、西式或中式，基本上可以做成各種料理。只要掌握如何處理金目鯛，就會相當方便。金目鯛外型美，加深給人的高檔魚印象，令人想徹底應用在料理之中。

涮金目鯛

在金目鯛料理中，這是道伊豆旅館或釣宿（譯註：能代為料理捕釣魚獲的旅宿）相當受歡迎的料理。可連皮將魚肉削切成厚厚一片。

19 ● 金目鯛 ■ 做法在161頁

金目鯛生魚片

玉竹　山葵

若想做成生魚片品嘗，金目鯛的美味期落在3～4月，非常短暫，千萬別錯過供應的時機點。可將魚肉切較大塊，才能享受美味。

■ 做法在161頁

鹽烤金目鯛 下巴

以最簡單的方式，享受魚的美味。將下巴撒鹽，靜置一晚，使鹽充分入味的前置處理格外重要。

活用材料＝下巴

徹底應用提示〔2〕

下巴

魚鰓下方，帶有胸鰭的部分。這是魚經常活動的部分，因此肉質紮實，風味極佳。最具代表性的烹調方式為鹽烤，所有魚類的下巴經鹽烤後，可說相當受到喜愛。鹽烤後做成碗物，或是紅燒成鹹甜風味皆非常美味。

 ■ 做法在162頁

金目鯛麵線

擺上烤過的金目鯛，澆淋熱騰騰的味噌湯，接著放入奶油。雖然是會讓身體熱起來的料理，卻也非常適合炎熱的夏天，在冷氣房裡供應的麵類品項。

紅燒金目鯛

這雖然是紅燒下巴及魚尾，相當一般的料理，卻是最能呈現出金目鯛美味的一道佳餚。調味時的秘訣，在於使用砂糖，而非味醂。

 ■ 做法在162頁

金目鯛一夜干

一夜干雖然相當容易購得，但自己製作的話，那美味程度可是會令人相當驚艷。此料理並不費工，可試著挑戰看看。

金目鯛兜燒

金目鯛的魚骨軟，帶水分，魚頭只要烤過就能整個食用。充滿視覺效果亦是其魅力之處，屬適合配啤酒品嘗的小菜。

活用材料＝魚頭

金目鯛拌宮重

刮取腹骨上的魚肉，將其烤過，與白蘿蔔泥拌和。可做為小鉢或小菜。宮重係指白蘿蔔。

活用材料＝魚碎肉

切魚時的重點

基本的三片切法

金目鯛是料理運用相當廣泛的魚類。除了生魚片、烤物、紅燒、炸物、干物等，能列出來的日式菜餚外，還能涮煮、做成什錦飯、油炸或做成中式料理，運用在各式料理中。不僅如此，魚頭、中骨及下巴也能用來烤，魚鰭可煮高湯，做成魚鰭酒或湯注料理，可說是百分之百物盡其用，化身為各種料理。除了干物與要運用外型的料理外，將金目鯛以三片切法處理後，徹底使用各部位應是最實際的做法。

以三片切法處理金目鯛時，可先取出內臟，再切下魚頭，接著切取肉身。

金目鯛的魚頭可做成烤物或煮取高湯，但無須連帶太多身體的部分。處理時，盡量切大上身，用上身做各種料理。內臟可紅燒成鹹甜風味，或是做成鹽辛，汆燙後佐柚醋品嘗亦是美味。

重視原有的產季

金目鯛生長於深海，無養殖魚，但包含冷凍漁獲，其實一年四季都能取得金目鯛，因此在菜餚料理設定上，並不會特別注重產季的概念。

金目鯛原有的產季為12月至2月的嚴寒季節，因此希望各位能重視產季帶給人的氛圍，打造成充滿風情的料理。

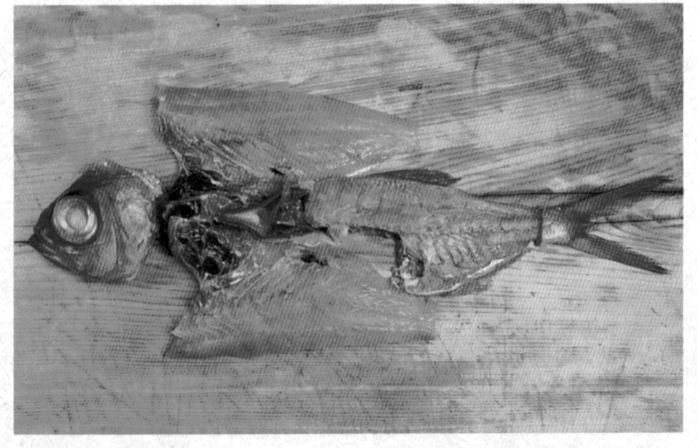

以三片切法，分切成上下身、魚頭及中骨。魚頭及中骨烤過就能品嘗。尾鰭則能做成魚鰭酒或湯注料理。魚鰓部分只要經充分處理，亦能食用。

三片切法

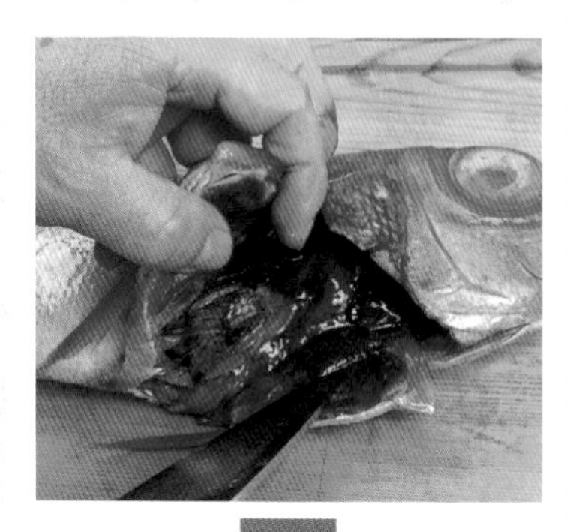

1

刮掉魚鱗後，切開鰓蓋下緣，接著切開腹部，直到肛門。

2

取出魚鰓，切斷魚鰓根部。還須取出內臟，清洗腹中。

3

切下魚頭。若想大啖魚頭，可多切點身體的部分。

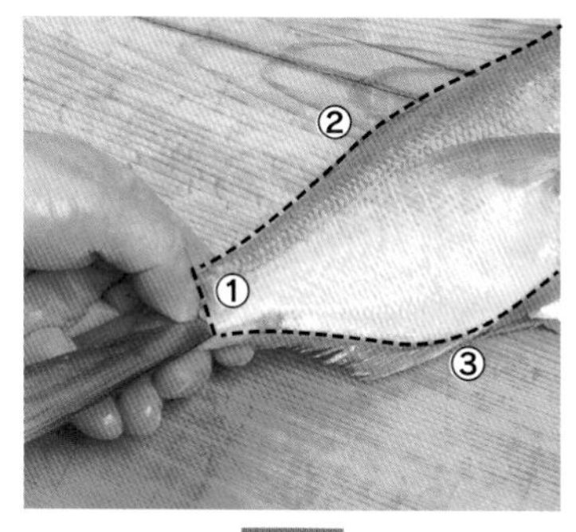

4

依照①～③順序劃刀，以切取上身。②與③採逆刃握法。

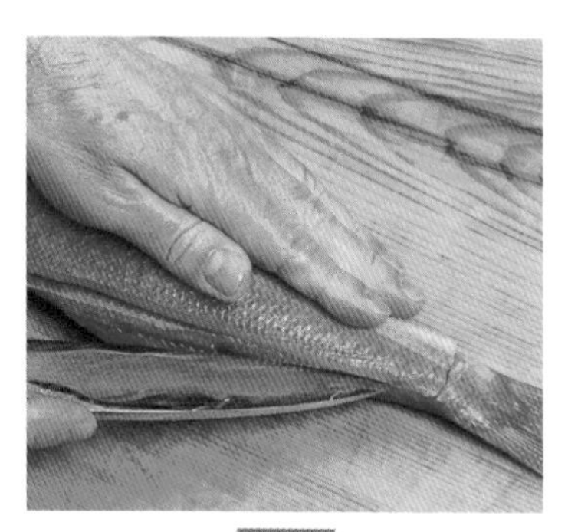

5

從中骨切取上身。須盡量減少入刀次數。

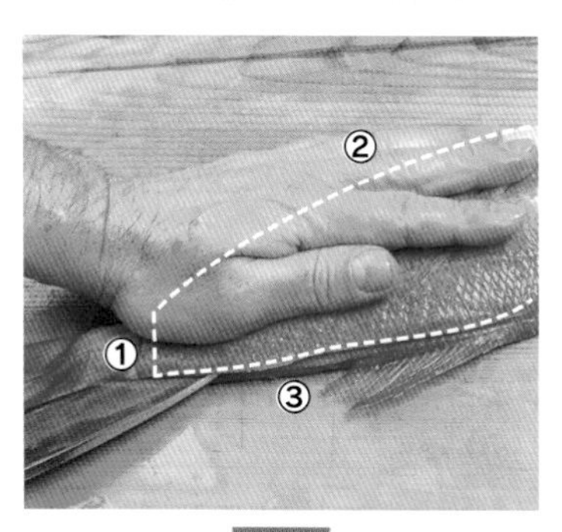

6

切取下身。方法同步驟4，先沿著魚形輪廓，劃切3條刀痕。

7

沿著中骨，放倒菜刀切下魚肉。

日本鬼鮋

近來不只割烹料理店，日本鬼鮋成了就連居酒屋也會徹底使用的人氣高檔魚。除了高尚的白肉魚風味，還能以所有的魚雜碎淬取高湯作運用，魚皮亦是美味，選用日本鬼鮋絕對值得。

日本鬼鮋薄造

這是享受日本鬼鮋獨特彈勁口感的最佳料理。想讓魚肉的口感更棒，可於前1天先切好日本鬼鮋，趁隔天肉質緊繃時，拉刀切出「立起邊角」的感覺後，擺盤上桌。

炸日本鬼鮋下巴

日本鬼鮋相當具代表性的料理。這裡是運用魚下巴做烹調。未附上多餘裝飾，直接擺盤才能展現出高檔魚的氣派。

湯引日本鬼鮋皮

日本鬼鮋的皮雖然較常用來薄切，但這裡是改以浸熱水處理後，做成拌物。加熱後魚皮縮起，口感充滿獨特風味。

活用材料＝魚皮

徹底應用提示〔3〕

魚皮

製作生魚片時所撕下的魚皮也有許多烹調方法，且相當美味。

較具代表性的3種烹調法為汆燙後，佐上柚醋、醋味噌、檸檬醬油品嘗；或是捲在竹籤、樹枝上用火炙燒；最後則是油炸後，沾柚醋享用。其中，最簡單的方法為炙燒魚皮。撒鹽後，就能擠點臭橙、酸橘或檸檬品嘗。鯛魚、比目魚、日本鬼鮋、鰕虎、沙鮻、鱸魚、竹筴魚、鰹魚等，幾乎所有魚類的魚皮都很美味。燒烤時，可在春天配上彼岸櫻、夏天配上大葉釣樟等季節性枝木，展現風情。

日本鬼鮋沙拉

大量蔬菜搭配日本鬼鮋，並澆淋自製美乃滋醬。淋醬若再加入些許醬油、紅葉泥、檸檬，就能展現出充滿餘味的口感。

日本鬼鮋蒸物

這是道鎖住日本鬼鮋清淡鮮味的高雅蒸物。同時放入麻糬、豆腐及核桃，便能享受到口感上的相會之喜。放入麻糬更是特別受到喜愛。

日本鬼鮋吸物

一道活用胸鰭的清湯。日本鬼鮋可煮出美味高湯，因此能充分利用每個部位。可擠些生薑汁，增添香氣。

活用材料＝胸鰭

日本鬼鮋味噌湯

日本鬼鮋的湯品以鱉料理法譯註最為出名，但其實做成味噌湯也是既輕鬆又美味。中骨及肉身煮愈久，愈能煮成高湯，因此須充分烹調出風味。

活用材料＝中骨

 ■ 做法在164頁

切魚時的重點

日本鬼鮋長相奇特，讓人不知該從何處下刀，但基本上會以三片切法處理。無魚鱗。

處理起來比外觀看起來更簡單的魚類

除了魚肉外，日本鬼鮋的頭部、魚鰭、中骨及魚皮都能做成炸物或煮湯，品嘗其中美味。製作炸物或碗物時，無須像生魚片那麼注重分切後的形狀，因此切得稍微大塊點其實也無妨。

魚骨及魚鰭能煮出美味高湯！

處理上身時，薄切會是最受歡迎的料理方法。下巴可做成吸物或炸物，魚頭及中骨則是用來煮取湯底。魚皮湯引處理後，可做成小鉢料理。充分品嘗日本鬼鮋的每個部位。

日本鬼鮋的背鰭有毒，處理時雖然須特別注意，但目前市售的日本鬼鮋基本上都已去除背鰭，因此較無疑慮。若尚未去除，只要以廚房用剪刀剪掉2cm左右的背鰭即可。

進行三片切法時，須先取出內臟後，再切下頭部。從日本鬼鮋的構造上來看，若先切魚頭，身體就會變得塌軟，增加取出內臟的難度。大瀧六線魚也是一樣，只要是身體較軟的魚類，記住都要先取出內臟。

1

以剪刀剪掉背鰭，做去毒處理。大多數的日本鬼鮋皆已事先完成去背鰭作業。

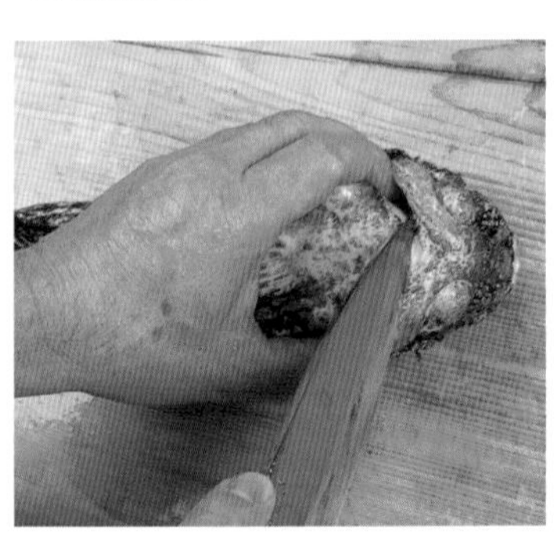

2

腹部朝上擺放，切開鰓蓋下緣連接處。

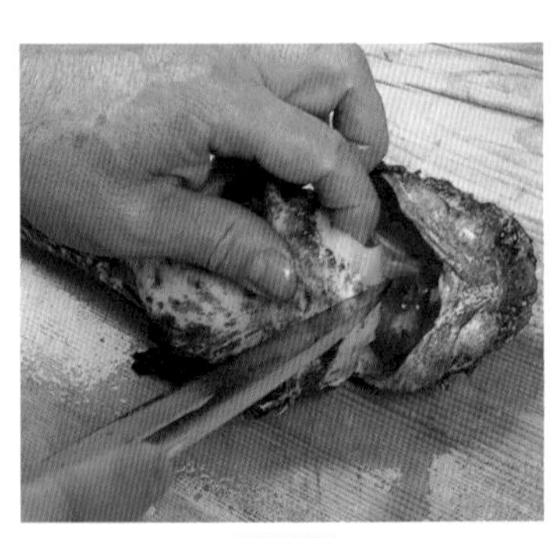

3

從切開的鰓蓋下緣連接處，一路切至肛門。

三片切法

4

取出內臟。不使用膀胱、膽囊、脾臟等腥味強烈的部分。

5

拿掉與中骨相連的魚鰓，切斷魚鰓根部，將魚鰓拉出。

6

水洗後，切取魚頭。

7

將魚頭切分成2塊。脊髓部分最硬，下刀時須稍微錯開中心位置。

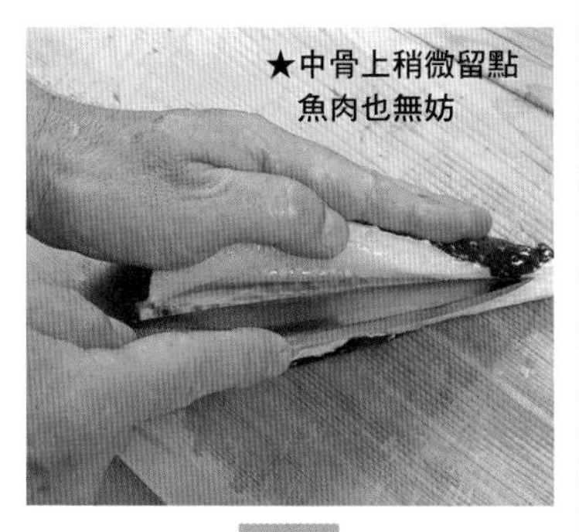

8

削掉胸鰭後，與其他魚類的三片切法一樣，沿著身體輪廓劃刀，切取上身。

9

切取下身。與步驟8一樣，先劃刀後，再從中骨切取下身。

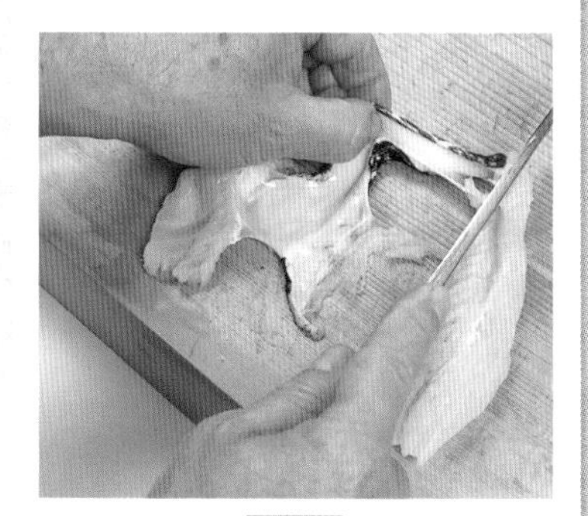

10

分別削切掉上身與下身的腹骨，撕掉魚皮。撕掉魚皮後還有層薄皮，同樣須將其撕除。

切成三片後，將上身、下身的胸鰭與腹骨切開。接著將中骨分切成容易入口的大小，尾鰭同樣須切開。從上身與下身撕下的魚皮仍有利用價值，請勿丟棄。

白鯧

白鯧雖能誇讚為用途廣泛的魚類，但烹調方式卻相當受到侷限。肉身的細緻紋路與獨特香氣最適合用來做成西京漬。就連魚頭、中骨及魚鰭的西京漬料理也相當美味。若是夠新鮮，亦可做成生魚片。

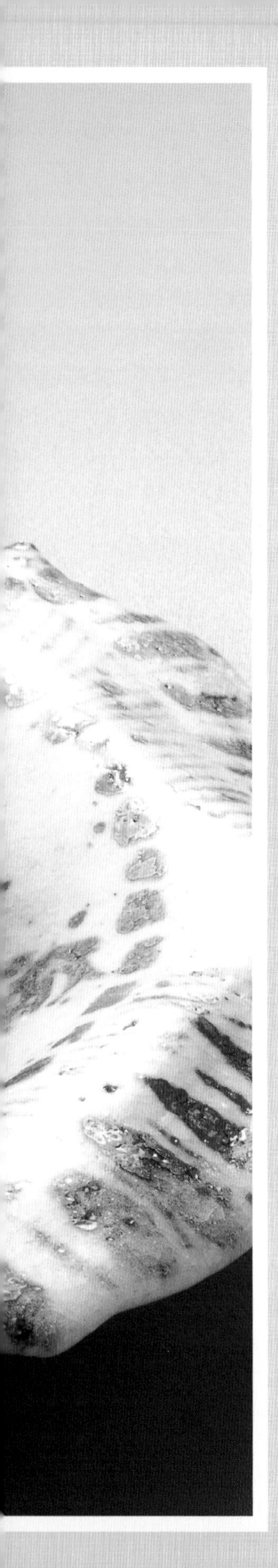

白鯧西京燒

白鯧最具代表性的烹調法。冷掉既不影響風味，肉質也不會變硬，能用來做為便當菜色。穿刺成波浪狀，烤起來會相當漂亮。

白鯧生魚片

黑染牛蒡 萱草嫩芽 柚子泥

白鯧油脂雖少，卻帶有彈勁，紋路細緻且柔軟。具備其他魚類無法相比擬的美味。對關東地區而言，更是相當難品嘗到的滋味。

白鯧魚粗西京燒

除了魚肉外，中骨、魚頭及魚鰭（譯註：即魚雜碎。日文為粗、アラ）同樣都能做成西京漬，徹底享用。亦可切成2片後，連同骨頭一起做成味噌漬，堪稱是徹底品嘗白鯧的最佳烹調法。

活用材料＝中骨、魚頭、魚鰭

 ■ 做法在164頁

魚雜碎、魚肉及中骨都能做成西京漬！

大多數的魚類都有非常多種吃法，但若想品嘗白鯧的美味，其方法卻極為侷限。其中又以味噌漬最為相搭，能充分享受到白鯧才有的美味。不僅如此，除了魚肉外，就連魚頭、中骨及魚鰭也能做成西京漬，其美味程度更是令人驚艷。因此在處理白鯧時，須優先採用能做成味噌漬的切法。

一般而言，平坦且較寬的魚類會採用五片切法，但若要醃漬味噌，此切法卻會讓魚肉變小塊，有損美觀，因此基本上須採三片切法。白鯧的魚骨非常軟，要從中骨切下魚肉時，菜刀很容易插入骨頭中，須特別注意。

切魚時的重點

三片切法

1

去除魚鱗。小條白鯧的魚鱗排列緊密，須以菜刀仔細地去除。

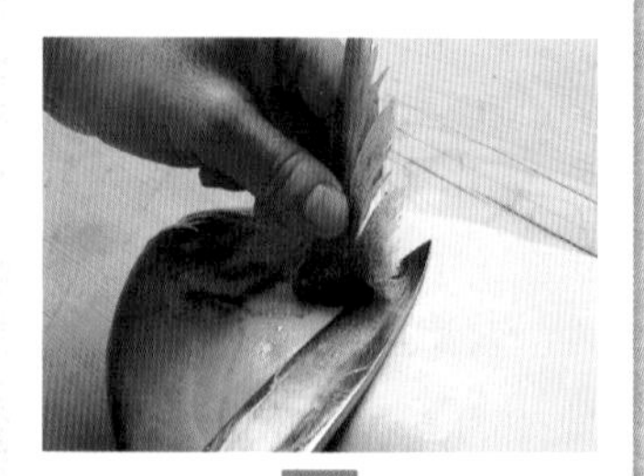

2

切掉不可食用的胸鰭。

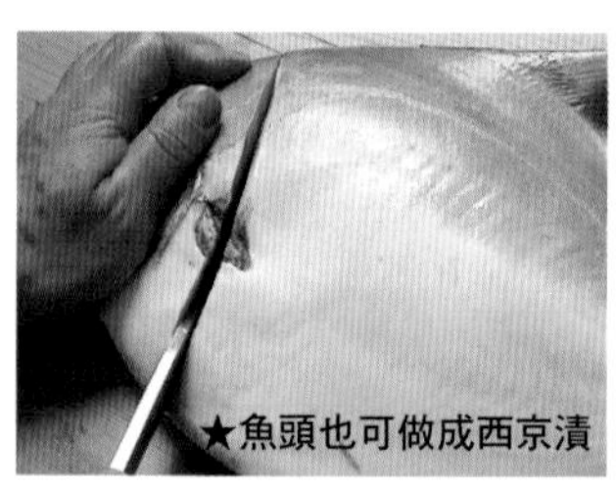

3

切下頭部。由於白鯧很軟，因此難度不高。接著取出內臟並洗淨。

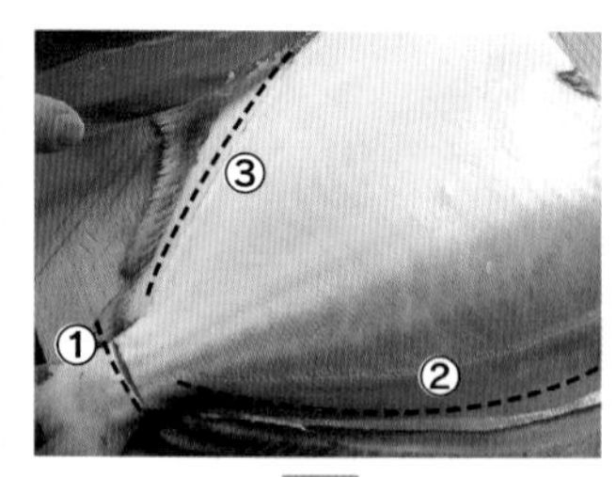

4

依號碼順序以菜刀在三處劃刀，如此一來較能漂亮地切取魚肉。

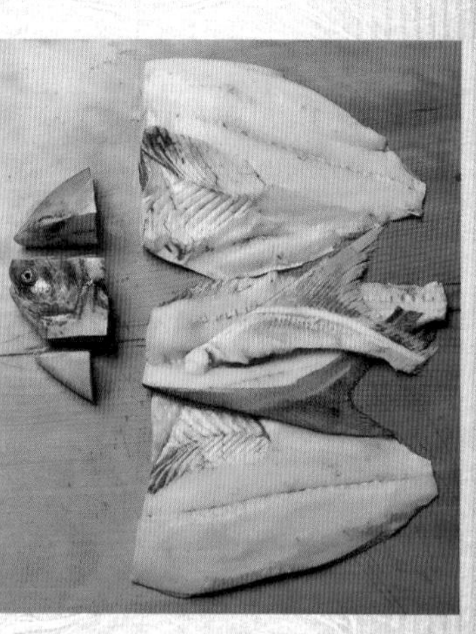

以三片切法分切成的上下身、魚頭，以及中骨、背鰭、尾鰭。這些部位都能做成西京漬品嘗。

此外，白鯧的每個部位都很柔軟，唯獨魚皮特別厚。因此醃漬味噌時，須在魚皮仔細地劃出相距1～2mm的切痕。若不劃刀，就無法入味，但去除魚皮的話，卻又有損美味。

雖然可遇不可求，若是有機會取得鮮度極佳的白鯧，則非常推薦做成生魚片。品嘗生魚片時，三片切法會較難處理白鯧，因此建議改以五片切法製作生魚片。

5

切開肉身，注意菜刀勿插入中骨。

6

片下上身。以步驟4的要領，先劃刀，再從中骨切下魚肉。

醃漬西京燒步驟

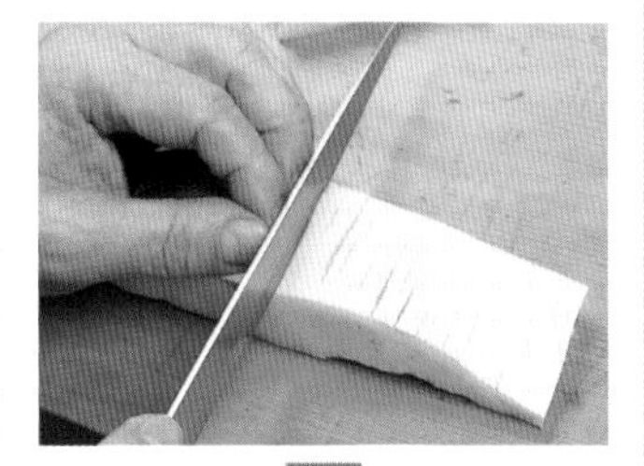

1

切下肉身，在魚皮劃入相距1～2mm的切痕。下刀深度為魚皮的厚度。

2

將味噌醃床的全部材料放入研磨缽，充分混合。

3

將2鋪入醃漬容器，接著蓋上以燒酎洗過的紗布。

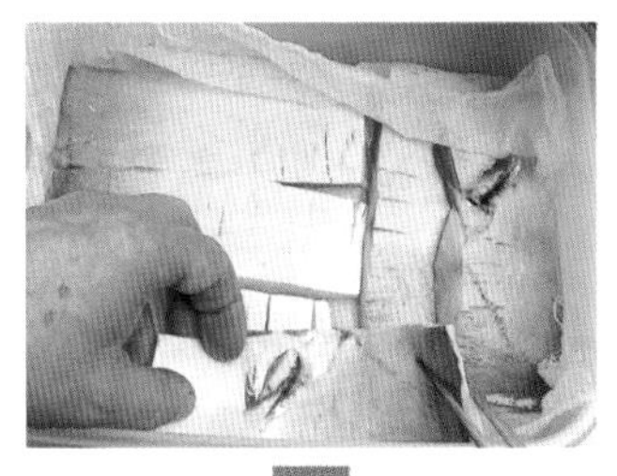

4

於紗布上整齊排放1的白鯧。

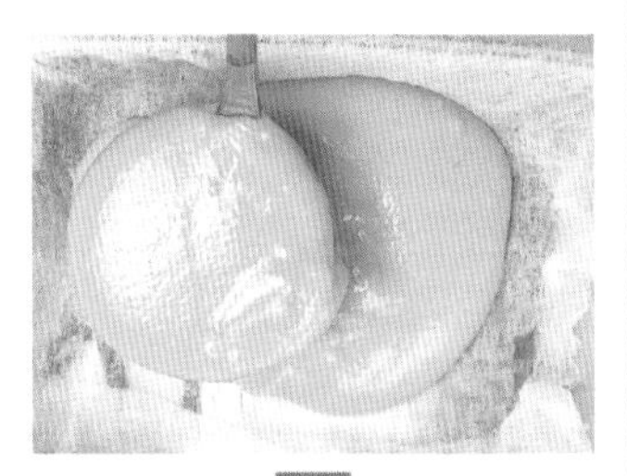

5

在白鯧上鋪蓋浸過燒酎的紗布，接著澆淋味噌。

6

若要醃漬更多份量時，可再鋪上紗布，擺放白鯧，接著蓋上紗布，淋入味噌。

石狗公（喜知次）

石狗公擁有其他魚類所沒有的高尚油脂鮮味，是具備高檔魚特質的魚類。最大特徵在於加熱後，會呈現出鮮味，因此不會做成生魚片，亦不會做成炸物。除了魚肉本身，魚鰭、魚頭、中骨同樣能充分品嘗到絕佳風味。

鹽烤石狗公

算籌生薑

正因鹽烤能忠實呈現出既有風味，最適合用來烹調擁有上等油脂及鮮味的石狗公。讓紅色魚皮充分發揮，烤出漂亮的感覺。

碗物

石狗公　筍子　萱草嫩芽
柚子

這是道充分保留住石狗公高尚美味的碗物。先把石狗公用酒洗過，再將魚皮烤得漂漂亮亮。與柴魚高湯十分相搭。

石狗公湯注

將撒鹽後烤到酥脆的魚鰭與腹骨放入容器中，再倒入熱水。是用餐尾聲之際，相當好下肚的一道料理。

活用材料＝魚鰭

徹底應用提示〔4〕

魚鰭

魚的身體有胸鰭、背鰭、臀鰭、腹鰭、尾鰭，當中以胸鰭的高湯最美味，其次是尾鰭。

一般最常見的魚鰭料理法，是先曬再烤，接著倒入日本酒，做成魚鰭酒。倒入熱水，品嘗來自魚高湯風味的「湯注」，亦是相當有品味的一道料理。也可燒烤過後，直接做成碗物。

石狗公、金目鯛、鯛魚等紅色魚類的魚鰭不僅能用來取得高湯，視覺上也相當美觀。鯖魚、竹筴魚同樣能做相同運用。

石狗公魚鰭酒

將魚鰭撒鹽烤過，倒入熱燗（熱的日本酒）。石狗公的魚鰭不僅能取得美味高湯，視覺上也非常美觀，是利用價值極高的魚類。金目鯛也能以相同方式應用。

活用材料＝魚鰭

鹽烤石狗公兜

葉形生薑

當鹽充分入味後，就能帶出魚頭的鮮味，因此烤過即可。料理手法雖然簡單，烤到酥脆香氣四溢後，可是會讓人欲罷不能。

活用材料＝魚頭

■ 做法在165頁

鹽烤石狗公中落

萱草嫩芽　炸浸香菇　柚子泥

石狗公的魚骨軟，烤過後骨頭裡的油脂會浮上表面，變得非常美味。再佐上搭配性極佳的炸浸香菇。

活用材料＝中骨

切魚時的重點

石狗公屬昂貴魚類，一般會用來做成烤物、紅燒、干物、蒸物。雖然不會做成生魚片，但魚頭及中骨只要烤過就很美味，魚鰭則可取得美味高湯。基本上都能夠徹底應用。

石狗公雖然可採取兩片切法或切成圓塊，但若想連同頭部、中骨及魚鰭物盡其用，三片切法將是最合適的方式。

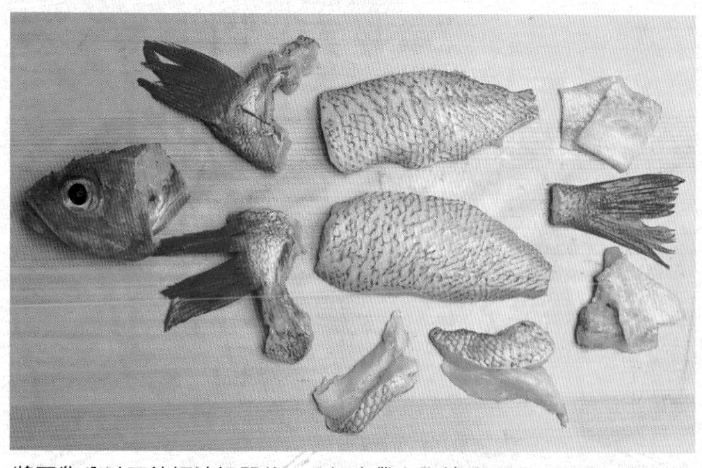

將石狗公以三片切法切開後，分切出帶有胸鰭的下巴、腹骨，留剩上身。下巴可不再分切，直接做成烤物。圖片下方是切開來的腹骨。腹骨可做成烤物或碗物。中骨則是切掉背鰭、尾鰭後再分切。背鰭不會拿來食用，可直接丟棄。

先拉出內臟，讓作業更迅速

處理石狗公時，在切下魚頭前，須先「捲筷」（つぼ抜き），再以三片切法處理。所謂「捲筷」，是指不切開腹部，而是從魚嘴插入並轉動筷子的方式，拉出裡頭的魚鰓及內臟。不切開魚肚的話，除了視覺上較美觀，習慣後還能加快作業速度。只要魚的大小不超過2 kg，就能以此方法取出內臟。

取出內臟後，切下魚頭，並以三片切法處理身體部分。由於中骨本身也非常具利用價值，若中骨上殘留些許魚肉，也無須太過在意。

雖說石狗公的每個部位都能品嘗，但很可惜地，唯獨內臟帶腥臭味，因此無法食用。魚鰓充分洗淨後，撒鹽去腥再烤過，便可好好享用。

充分發揮魚皮的紅色

石狗公是能夠發揮紅色魚皮之美的魚類。無論何種烹調方式，都一定會先沾鹽。這時務必讓魚皮朝下，與鹽相接觸，避免暴露在空氣中。若無法留住石狗公魚皮的紅色，將使料理上桌時的美麗程度減半。

三片切法

1

鋪放報紙，刮掉魚鱗。立起胸鰭，刮除靠近根部的魚鱗。

2

從魚嘴插入1支衛生筷，接著從魚鰓外側，將筷子插至肛門處。

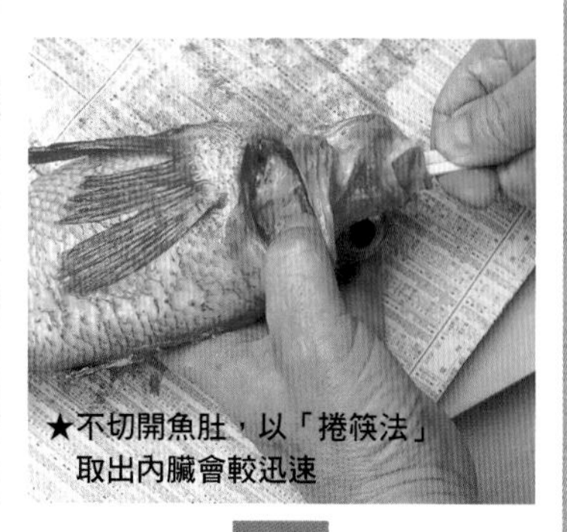

3

第2支筷子也以相同方式插入，夾住魚鰓及內臟。接著邊轉動筷子，邊拉出內臟。

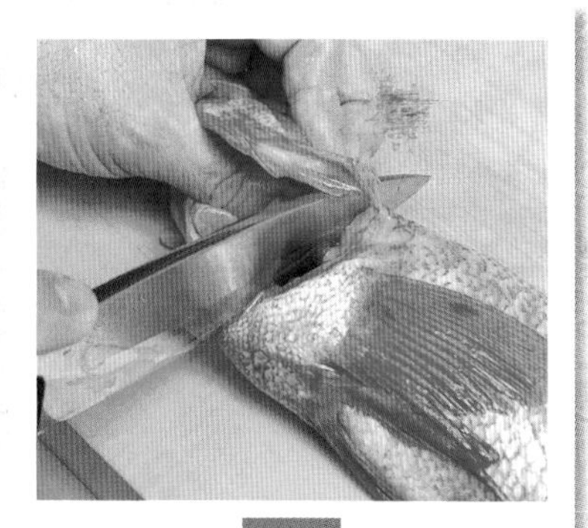

4

水洗腹部後，切斷鰓蓋下緣，翻起鰓蓋，切取魚頭。

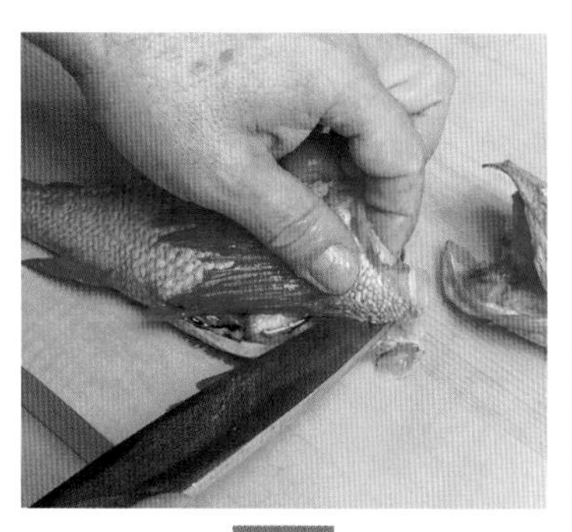

5

接著進行三片切法。從鰓蓋下緣劃開腹部。

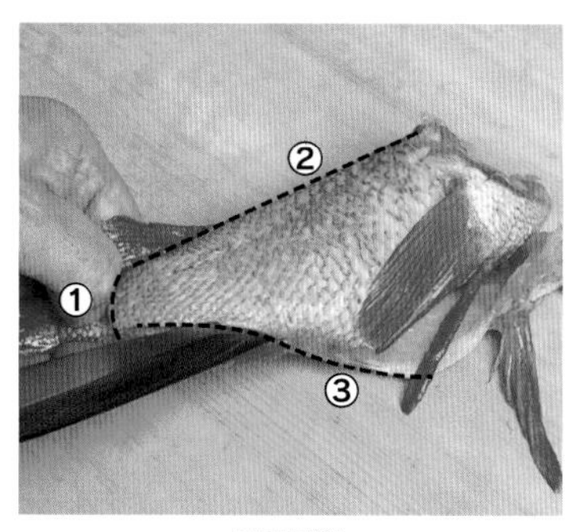

6

依照①～③順序劃刀。②與③採逆刃握法，讓刀刃朝上。

7

切開下身。沿著中骨的角度平穩下刀。

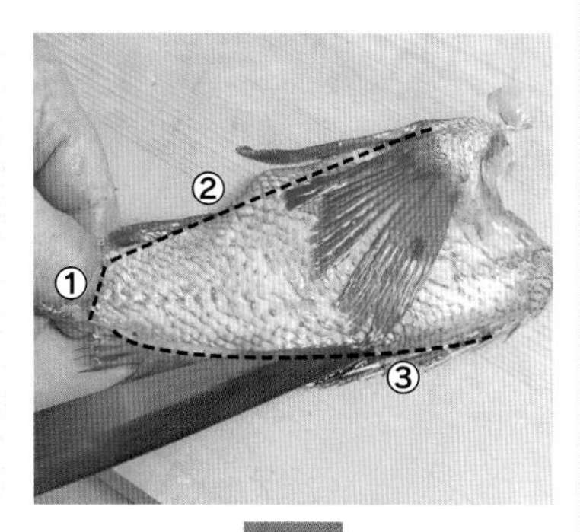

8

與步驟6一樣，依照①～③順序劃刀，接著切取上身。

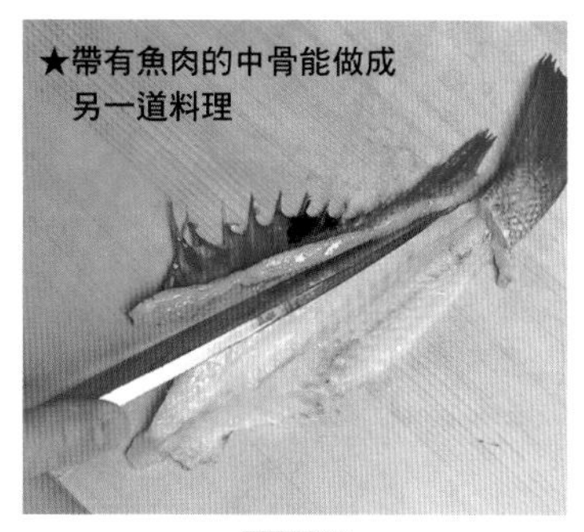

9

以菜刀切掉中骨上的背鰭，將中骨切成3塊，並切掉魚尾。

馬頭魚

馬頭魚無養殖魚，是很難取得的高檔魚。肉質柔軟，比起生食，加熱品嘗的手法更為豐富。其中，前人們將活用魚鱗的料理手法保留在烤物中，向後世充分傳達就是想徹底嘗魚的意念。

馬頭魚興津干

馬頭魚的魚頭很美味。這是將魚頭浸漬於在酒裡加了醬油與鹽的「若狹地」醃醬，並烤到酥脆的料理。改用鯛魚或金梭魚製作也相當受到歡迎。

醋押馬頭魚

馬頭魚雖然不會用來做成生魚片，但這是道將生的馬頭魚浸過稀釋醋後，再上桌的生魚片風味料理。自古便有這樣的做法。

 ■ 做法在166頁

徹底應用提示〔5〕

魚鱗

用魚鱗製作料理，是日本料理自古既有的手法，絕非出自興趣的嘗試。將鯛魚、鯉魚、馬頭魚、石狗公等魚類的鱗片散入鍋中油炸，撒鹽後就是道配啤酒的小菜。3條鯛魚能製作供10人食用的份量。

烤馬頭魚鱗

將片下的馬頭魚鱗先曬後烤，是道非常簡樸的料理。自古便有這樣的做法，能享受到魚鱗帶給人的爽脆口感。

活用材料＝魚鱗

馬頭魚若狹燒

將食材浸入使用大量酒的醃醬中，以名為「若狹燒」手法，烘烤品嘗。烤到酥脆的魚鱗可是充滿香氣。

 ■ 做法在166頁

馬頭魚西京燒

帶有高雅鮮味的馬頭魚漬味噌燒。馬頭魚的魚皮較硬，容易烤焦，因此成敗取決於烘烤手法。最後塗上煮到收汁的抹醬，呈現出光澤。

馬頭魚吸物

這是道充分運用中骨高湯的碗物。將中骨撒鹽，充分入味後再烘烤，接著倒入與白身魚非常相搭的昆布高湯。馬頭魚料理一定要和柚子做搭配。

活用材料＝中骨

 ■ 做法在167頁

切魚時的重點

馬頭魚肉質軟，較難做成生魚片。一般會加熱烹調成烤物或蒸物後，供人享用。

魚頭相當美味，因此可和鯛魚一樣小心處理，連同身體切取魚頭，接著以三片切法處理魚身。

能夠活用魚鱗做成菜餚

能夠連同魚鱗直接烹調料理的魚類其實不多，但馬頭魚自古就能以此方式做成菜餚。因此馬頭魚的最大特徵，便是在於活用魚鱗的手法。

製作這類料理時，處理魚的過程中必須保留魚鱗，但魚鱗會使手及砧板滑動，因此要鋪上毛巾。

馬頭魚的魚骨比鯛魚硬，切取處理的訣竅，在於不能只靠蠻力，而是要找出關節，正確下刀。

處理腹骨要仔細

針對馬頭魚這類骨頭較硬的魚類，請牢記一定要去除腹骨。馬頭魚的腹骨很硬，若未去除腹骨，品嘗料理者可能會因此受傷。

馬頭魚的中骨也很硬，若是1～1.5kg左右的馬頭魚，只要直接用手觸摸尋找，從魚頭開始算起，拔出單側16根的魚刺，基本上就不用擔心因為吃到魚刺而受傷。

馬頭魚又以白馬頭魚、斑鰭馬頭魚、日本馬頭魚3種最具代表性。這裡則是使用外觀看起來很美的斑鰭馬頭魚。

分切成魚頭、上下身、中骨、魚鱗。亦可不片下魚鱗，直接處理魚肉。先切出上身、下身後，再切開下巴，片掉腹骨，接著拔除留在魚肉內的腹骨。

三片切法

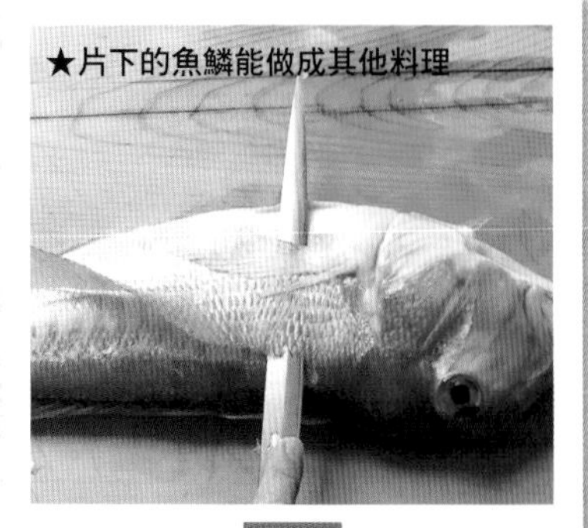

1

充分洗去黏液，切下魚鱗。將菜刀放倒，薄薄地片下鱗片。

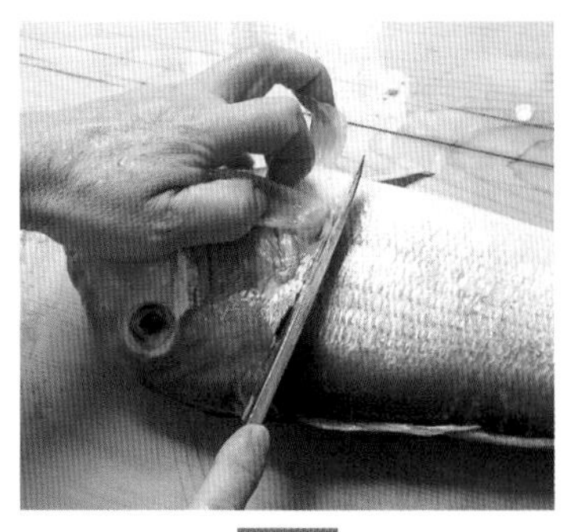

2

立起胸鰭，從根部直直切下魚頭。取出內臟洗淨。

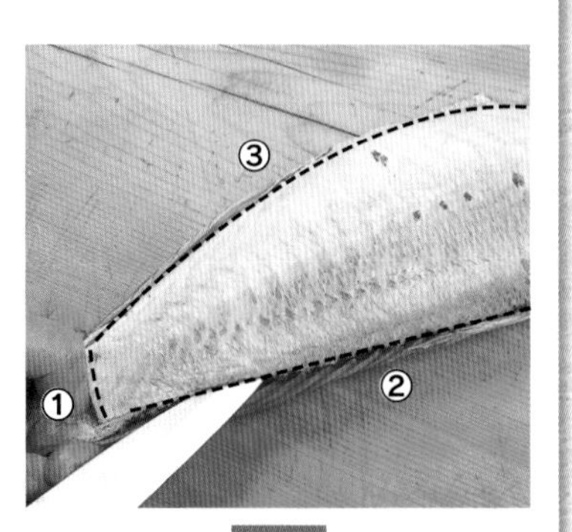

3

沿著上身輪廓，依照①～③順序劃刀。②與③採逆刃握法。

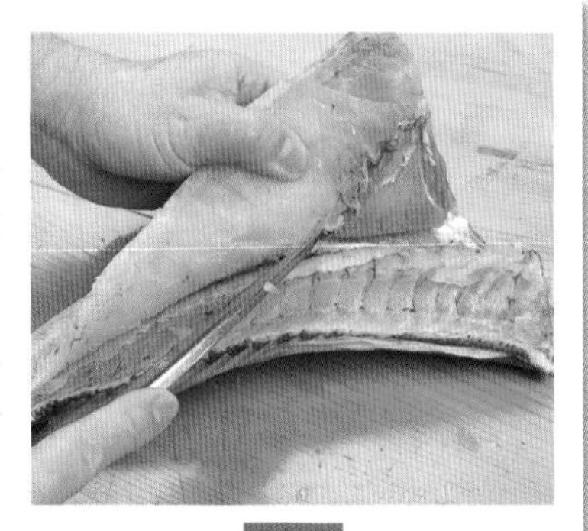

4

切取上身。由於中骨較硬，須仔細地切開腹骨。

5

與步驟3一樣，依照①～③順序劃刀。準備切取下身。

6

從中骨切取下身。將菜刀放倒在中骨上，分數次下刀。

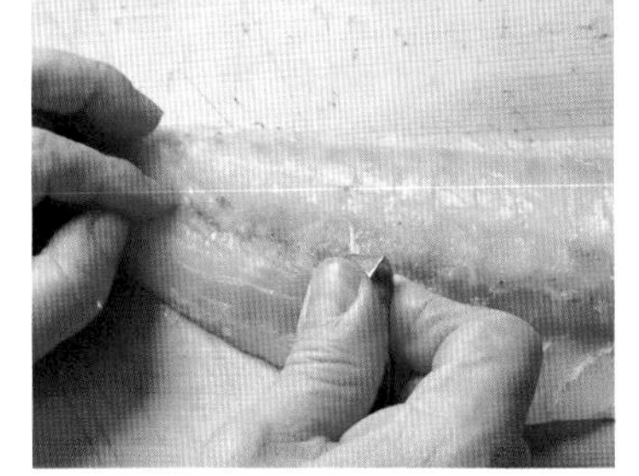

7

片掉腹骨，拔出留在魚肉中的中骨。

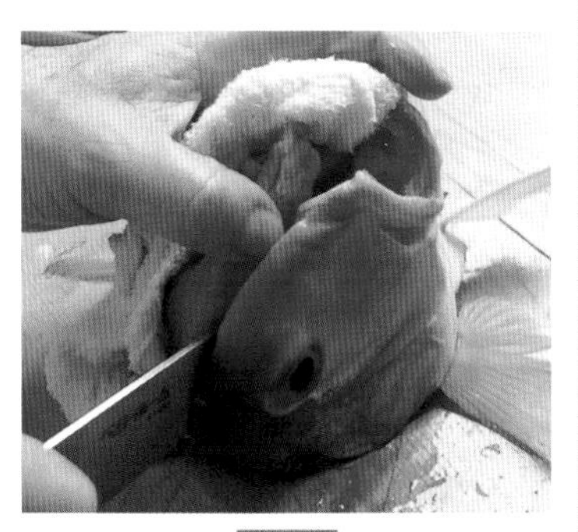

8

將魚頭切成2塊。用毛巾按壓頭部，從上顎中央下刀。

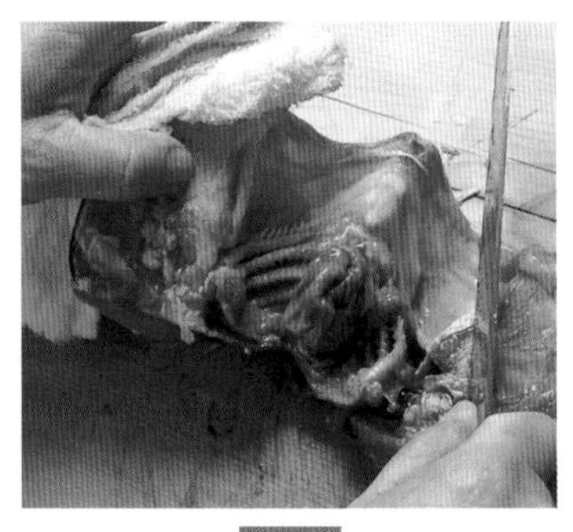

9

馬頭魚骨很硬，無法切成左右等大的2塊魚頭，錯開中心位置1mm左右的距離，會較容易下刀。切開後，取出魚鰓及內臟。

鯛魚

兼具外型、顯色、風味的海水魚之王。除了魚頭及魚雜碎的美味不在話下，魚鱗、魚皮及魚鰭也能做成料理，徹底享用鯛魚的每個部位。野生鯛魚的味道雖然層次更高，但只要是鯛魚，都充分具備其特有的高級氛圍。可做成極具存在感的料理。

鯛兜煮

鯛魚頭的膠質豐富，是最可口的部位。若想帶出鯛魚的美妙滋味，關鍵在於要以味醂取代砂糖。

 ● 鯛魚 ■ 做法在167頁

鯛魚生魚片

白蘿蔔　柚子泥
春蘭　梅肉　山葵

這是道將鯛魚皮澆淋熱水，透過「湯引」手法，讓人品嘗到魚皮美味的生魚片料理。大膽使用桂削白蘿蔔，讓擺盤上更顯立體。

鮮滷鯛白子

將筍子與鯛魚精囊燉滷成鹹甜風味，是充滿春季氛圍的一道料理。為了增添濃郁表現，可添加些許芝麻油，煮到香氣四溢。

活用材料＝精囊

油炊鯛魚

在放有香氣絕佳的蔬菜、佐料及鯛魚肉的火鍋中，豪爽地澆淋熱油，並沾取柚醋品嘗享用。即便是鮮度稍微遜色的魚肉，也能以此方式活用。

 ■ 做法在168頁

鯛魚生魚片

白蘿蔔　黑染蓮藕
油菜　胡蘿蔔　山葵

在不同形狀的容器中，擺放相同內容物的料理。這裡的「寄向」擺盤，是想要呈現出在品茶之席上，每位客人的料理器皿皆不盡相同的那股氛圍。使用的容器為湯吞杯。

■ 做法在168頁

鹽烤鯛魚下巴與腹骨

蠶豆　醋取生薑

下巴及腹骨是魚最美味的部位。烤到酥脆，是能夠同時享受到季節氛圍的下酒菜。

活用材料＝腹骨、下巴

徹底應用提示〔6〕

腹骨

以兩片或三片切法處理魚時，會片掉靠近腹骨側的魚骨，塑形肉身。這塊帶有魚肉的魚骨稱為腹骨（日文又名腹骨），所有魚類的腹骨都能加以運用。

腹骨多半會直接鹽烤或油炸。亦可將鹽烤過的腹骨放入碗中，澆淋熱水，就算只是做成一道簡單的湯品，也能取得美味高湯。

既然是要活用無法做成生魚片的部位，若不慎片掉太多能做成生魚片的魚肉，那就是本末倒置了。

 ■ 做法在169頁

鯛魚吸物

鯛魚最具代表性的料理雖是清魚湯，但這裡先將下巴及腹骨鹽烤後，再倒入高湯做成料理。魚骨烘烤後會慢慢浮出油脂，美味程度絲毫不輸給清魚湯。

活用材料＝下巴、腹骨

鯛魚油菜
保科拌菜

鯛魚魚肉，搭配上可見於初春之際的油菜，就是一道充滿綠色鮮豔氛圍的料理。可用來做為前菜。除鯛魚外，還可使用其他種類的白身魚。

切魚時的重點

鯛魚的魚鱗、魚鰓、魚皮皆能食用，美味程度毫不遜色。處理鯛魚時，須用最基本的三片切法。

切取時，如何活用魚頭

既然所有的部位都能加以運用，那麼在切取處理時，就必須充分發揮每個部分。這裡就以切頭的方式為例，鯛魚魚頭有利用價值，味道更是極佳，因此可連同魚身，切口筆直地將魚頭漂亮切下。若採取斜切，則會浪費魚身。分切魚頭時，魚頭很難安穩地固定在砧板上，因此不易下刀。

但若不製作魚頭料理，就必須改變切頭的方法。切取魚頭時，須盡可能地在根部下刀，避免魚頭留有魚肉，讓上身愈大塊愈好。在處理馬頭魚及紅魽時也一樣，若想用魚頭做成有價值的料理，可豪邁地切取頭部，否則就要盡量做為上身肉運用。

克服鯛魚硬骨的訣竅

鯛魚的魚鱗及魚骨很硬，不易處理，但只要掌握切魚重點，處理起來就相當輕鬆。舉例來說，切取魚頭時，可從胸鰭根部算起的第3片魚鱗處下刀，如此一來不僅魚血少，也較不容易沾染魚肉。

同樣地，魚頭剖開時，若想讓左右2塊大小一致，下刀過程中菜刀會卡住，但只要從偏離中心1mm左右的位置下刀，其實就能順利地剖開魚頭。

1

用刮鱗器刮除魚鱗。魚鱗會四處噴散，須準備報紙。

2

在鰓蓋下緣處劃刀，從該處一路切開至肛門，以取出內臟。

3

取出內臟，過程中勿使血管破裂。還須取出魚鰓，清洗腹中。

三片切法

4

切取魚頭。從胸鰭根部算起的第3片魚鱗處筆直下刀。

5

將鯛魚翻面，再以相同方式，從胸鰭根部算起的第3片魚鱗處下刀，切開魚頭。

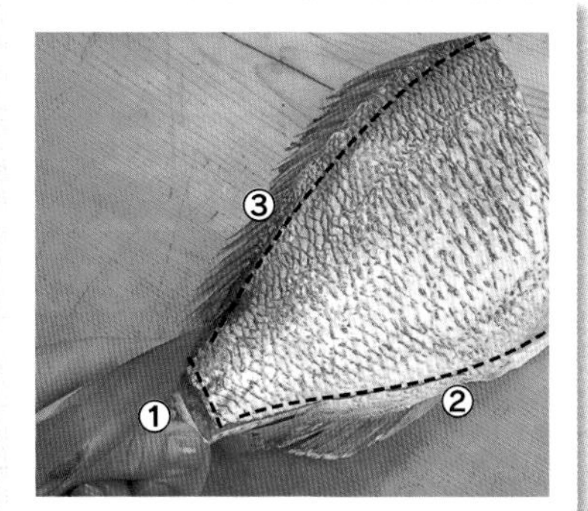

6

依照①～③順序劃刀，將更容易切取肉身。②和③往頭部的方向切開。

7

從②的切痕入刀，切開魚肉，與中骨分離。

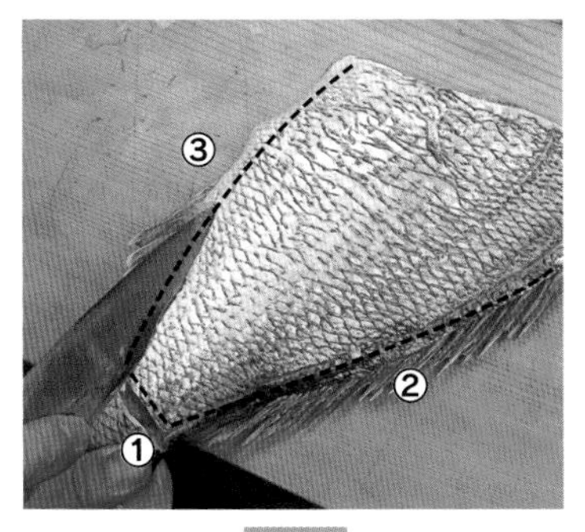

8

上身也以步驟6的方式，沿著魚身輪廓，劃入3條刀痕後，切取上身。

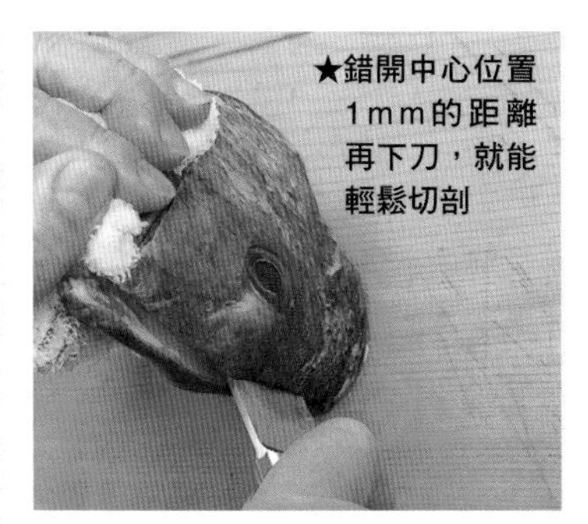

9

剖開魚頭。邊用毛巾按壓住頭部，邊從上顎中央處下刀。

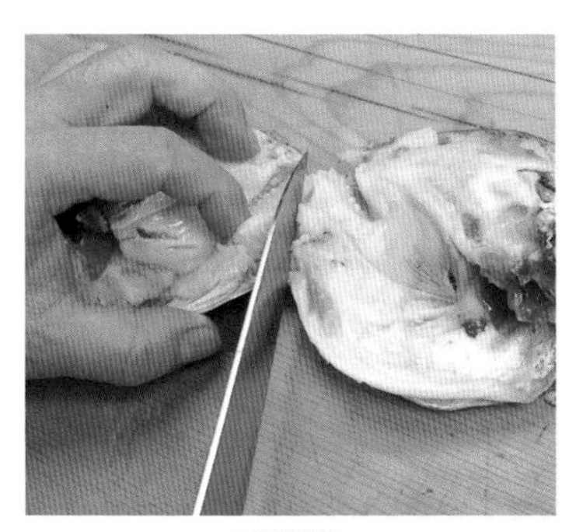

10

將魚頭分切開來。一開始就已先取出魚鰓，因此並未弄髒魚頭。

將鯛魚分切成連帶下巴與魚肉的豪華魚頭、上身、中骨、精囊，此時的上身還帶有腹骨。接下來就是將腹骨片下，此腹骨能用來做烤物或碗物。

比目魚

養殖魚雖然完全比不上野生魚，但比目魚是唯一的例外。養殖比目魚有著等同野生比目魚的美味。然而，養殖魚無法保存，因此須加以烹調，拉長存放天數。比目魚的用途廣泛，無論是魚肉或魚雜碎都能徹底運用。

火取比目魚

白蘿蔔　金時胡蘿蔔
山葵　黑染蓮藕
山菊　梅醋　醬油

這是道能享受比目魚皮美味的生魚片料理。將燙熱的金屬串叉靠在魚皮上，加熱出痕跡。如此一來，養殖魚的風味也不會輸給野生比目魚。

比目魚昆布締

萱草嫩芽　黑染牛蒡
山葵　梅醋

這是道昆布鮮味充分移轉到比目魚肉上的生魚片料理。放到隔天亦是美味，且能讓養殖比目魚搖身一變，擁有等同野生比目魚的風味。

徹底應用提示〔7〕

中骨

中骨是指用三片切法處理魚時，以背骨為主的魚骨，亦稱中落（日文為中落ち）。此塊骨頭帶有油脂與膠原蛋白的鮮味，因此只要烤過、炸過或滷過，就能呈現其中的鮮味。

中骨的處理方式和魚頭一樣，像是石狗公或金目鯛等魚骨較軟的中骨，只要慢火烘烤過就很美味。若是鯖魚這類魚骨較硬的種類，先烤後炸同樣能徹底品嘗。比目魚算是例外，魚骨雖然很硬，但只要烤過就能食用。至於紅魽及青魽等大型青皮魚的中骨，用滷的則會較為合適，與白蘿蔔更是相搭。

以中骨取高湯，製作湯類料理時，與其直接用生的中骨下鍋燉煮，建議可先烤再煮，讓風味更佳。

比目魚障子

這道烤物很容易烤焦，想將整塊烤到均勻比想像中困難。比目魚魚骨相當硬，但只要烤過就能享受其中的酥脆口感。與日本酒極為相搭，即便是養殖魚也能加以活用。

活用材料＝中骨

不味喜平目

萱草嫩芽　山葵

這道料理雖然只用寒竹竹筍及秋冬捕獲的比目魚做組合，卻相互輝映，同時存在風味、香氣與口感。可做為茶懷石料理。

 ■ 做法在170頁

比目魚薄造

下仁田蔥　紅葉泥　杏仁

薄切成如河豚肉般的厚度，享受比目魚緊實肉質的美味。締魚（殺魚）後先靜置1天，薄切時就能讓比目魚肉的邊角漂亮立起。

 ●比目魚 ■做法在171頁

比目魚卵磯邊碗物

海苔　筍子　蔥　梅肉　柚子

比目魚卵帶有高尚的濃郁風味，腥味不重，相較之下接受度算高。做成碗物用料，將能充分品嘗其香氣。

活用材料＝卵巢

徹底應用提示〔8〕

卵巢

魚的卵巢含有豐富維生素。除了河豚與金梭魚外，基本上所有魚類的卵巢（卵）都能食用。做為碗物用料、滷物、鹽漬都算是較具代表性的吃法。

其中較美味的有鮭魚卵、烏魚子、鱈魚卵、鮭魚卵、鯛魚卵巢、狼牙鱔卵巢。比目魚及鱸魚亦是美味。

烤浸比目魚皮

在烤爐上燒烤比目魚皮，接著拌入紅葉泥與柚醋。魚皮充滿香氣的黏糊口感就是珍饈美味。再加上以相同方式燒烤的緣側肉，強化鮮味表現。

活用材料＝魚皮

比目魚兜湯注

這是道能夠享受比目魚高湯的湯品。做法非常簡單，只須在烤過的比目魚頭澆淋熱水。決定味道的關鍵，在於魚頭撒鹽後須靜置1晚，先帶出鮮味。

活用材料＝魚頭

切魚時的重點

體型寬，魚身薄的比目魚及鰈魚，基本上會採五片切法，將上身與下身沿著中骨分切成背側肉及腹側肉。上身背側肉的專門用語為「背之背」（日文為背の背），腹側肉稱為「背之腹」（日文為背の腹）。下身的背側肉為「腹之背」（日文為腹の背），腹側肉則稱為「腹之腹」（日文為腹の腹）。

既仔細，又大膽地切取鱗片

比目魚最棘手的部分，就是那又小又硬的鱗片。若不小心處理魚尾根部等細節處的鱗片，做成生魚片時，魚鱗可能會插入魚肉中，因此必須細心去鱗。然而，去鱗過程中，若下刀得太徹底，反而會傷到魚皮，因此動作上須較為大膽。比目魚屬魚皮也很美味的魚類，敬請將魚鱗去除乾淨。

比目魚沿著背鰭與腹鰭處，有著名為緣側的肌肉。處理緣側肉時，可連同魚肉一起切下，或是先將緣側肉留在魚骨上，切取魚肉後，再片下緣側肉。後者的切法雖然看起來較漂亮，但連同魚肉一起切下較有效率，這裡會介紹如何連同魚肉一起切下緣側肉的方法。

部分料理改採三片切法

處理比目魚的方法，其實不是只有五片切法。要將比目魚做成以生魚片為主的料理時，採用五片切法較佳。但若是要做成生魚片除外，像是烤物或蒸物時，以三片切法處理會使外型更美觀，也較不會產生浪費。關西地區常使用三片切法。

1

去除魚鱗。大膽地下刀，切掉細小鱗片。

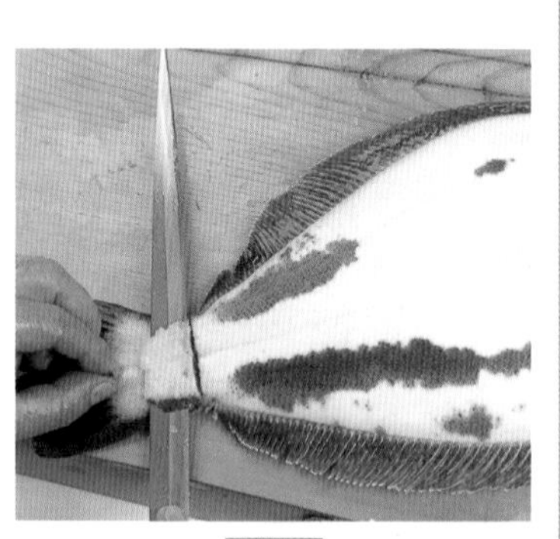

2

翻面後，同樣須去除魚鱗。記得要切除魚尾根部的鱗片。

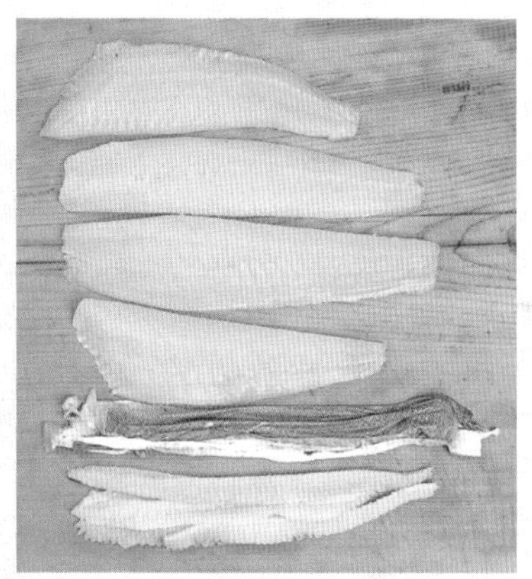

左圖為中骨、魚頭、魚鰭、魚肝、小腸、心臟、卵巢。比目魚的中骨因其形狀又被稱為「障子」。右圖是將帶有緣側肉的上身、下身分別順著中骨切開的魚肉及魚皮。從上而下的專門用語分別是「背之背」、「背之腹」、「腹之背」、「腹之腹」。

五片切法

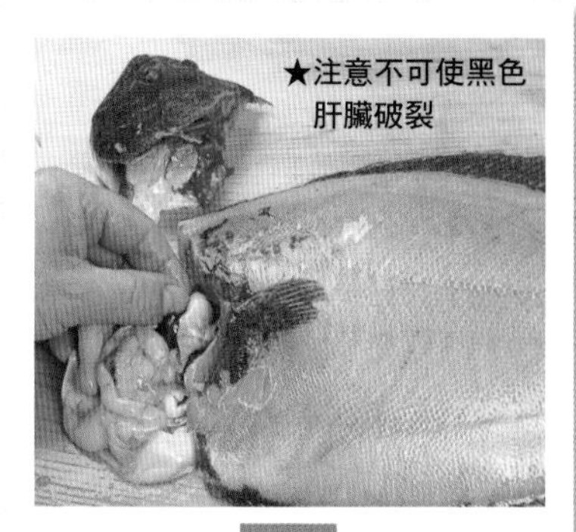

3

翻開魚鰓，切下魚頭，取出內臟。其後切下胸鰭並丟棄。

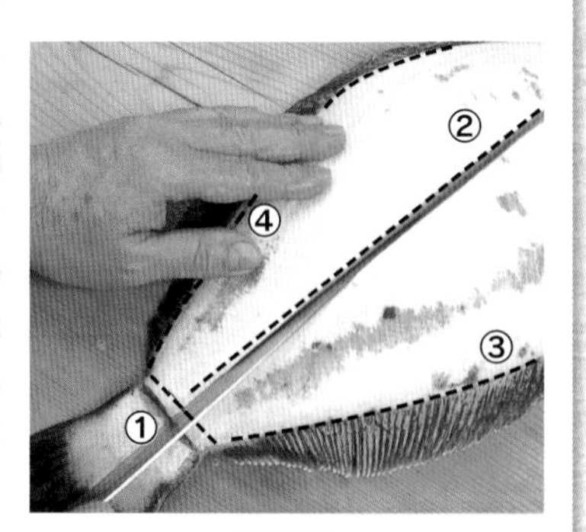

4

依號碼順序劃刀，如此一來較能漂亮地切取魚肉。③與④採逆刃握法。

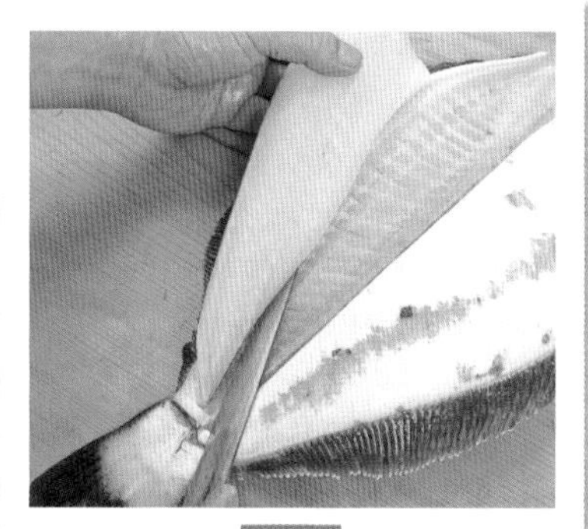

5

放倒菜刀，從中骨上方入刀，切下背側的魚肉。

6

將比目魚轉向，切下腹側的魚肉。分數次入刀，切取魚肉。

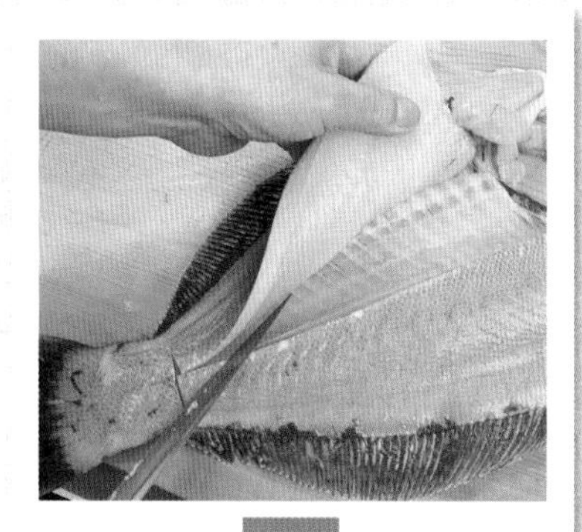

7

切取另一邊的魚肉。與步驟4一樣，劃刀後，切取腹側魚肉。

8

將比目魚轉向，切下背側的魚肉。菜刀須沿著中骨放倒。

鱸魚

鱸魚雖然沒有養殖魚，但市面上流通量大，只要排除部分特定期間，其實鱸魚的價格頗為親民，相當具吸引力。鱸魚同時也被用在法式料理及義式料理中，運用範疇廣泛，是能夠充分發揮白身魚高尚元素，且注入大膽想法，製成料理的魚類。

鱸洗雙拼

醋取濱防風　山葵

圖片下方用的是「湯洗」手法，上方則是用「洗」的手法。2種手法除了切鱸魚的方式不同外，浸洗時的熱水溫度也不同，口感表現上當然就有所差異。

 ●鱸魚 ■做法在172頁

鱸魚生魚片

白蘿蔔　黑染蓮藕
濱防風　梅肉　山葵

鱸魚最常見的料理。將削切成片的魚肉，沾取蓼醬油品嘗。至於浸冰水（洗い），原本是用來處理油脂較多的小型鱸魚（日文稱フッコ）的工序，但此步驟同樣能讓鱸魚變得更美味。

鱸魚鹽辛

使用鱸魚的魚胃。在多種鹽辛魚料理中，魚胃是非常可口的部位。與熱燗特別相搭。還可依個人喜好，拌入海參卵巢或梅肉。

活用材料＝魚胃

徹底應用提示〔9〕

魚胃

大多數魚類的胃部雖然都能烹調後食用，但紅魽、鯛魚、鱸魚、鮪魚等，胃部較大的魚類相對好運用。小型魚的魚胃處理費時，基本上不會取來使用。

鱸魚及鯛魚等白身魚的魚胃大多會做成鹽辛，鮪魚等赤身魚較常燉滷。烤過、汆燙做成拌物的話，則是能享受到充滿嚼勁的口感。

 ■做法在172頁

鱸魚奉書燒（不昧公大阪燒）

據說這是知名茶人，同時也是松江藩第七代藩主，松平不昧公相當喜愛的鱸魚料理。用奉書紙包裹鱸魚及蔬菜烘烤而成，極為風雅的一道佳餚。松江的鱸魚產季為冬天，因此會被做成冬季料理。

用奉書紙包裹以三片切法處理的鱸魚、香菇、蓮藕、醋取生薑、杏仁、紅梅子後，烘烤烹調。

 ● 鱸魚 ■ 做法在172頁

鹽烤鱸魚下巴

肉質緊實，富含油脂的下巴風味特別美。鱸魚料理上桌時，一定要佐上蓼醋。胸鰭較硬，須切除。

活用材料＝下巴

鱸魚薩摩揚

除了上身肉外，還可運用魚碎肉，製作成這道費工卻美味的料理。若想讓餡料能順利成型，最重要的步驟就是添加鹽與味精。

活用材料＝魚碎肉

徹底應用提示〔10〕

魚碎肉

魚碎肉日文又名為端身，是指切魚時，已看不出形狀的魚肉。

赤身魚的碎肉可加入沙拉、做成山藥泥淋魚肉，或是納豆拌物等。白身魚的話，則可直接加入沙拉中，或烤過後做成拌物，亦可做成薩摩揚的魚漿。

處理魚的時候，可準備用來擺放魚碎肉，名為經木的薄木紙，只要一有碎肉，就立刻擺在經木上。這樣內臟及血水就不會沾染魚碎肉，避免腥臭味產生，使魚碎肉的用途更加廣泛。

 ■做法在173頁

川尻碗

這是道用鱸魚做成，能享受到魚丸高雅風味的碗物。以白色魚丸及白色土當歸做搭配，展現簡約風情。

 ■ 做法在173頁

炙燒鱸魚皮

這是道高級料亭或壽司店會提供給重要賓客的料理。將魚皮捲在充滿季節性的樹枝上，加以炙燒，呈現其中氛圍。這裡使用的是燈台樹枝。

活用材料＝魚皮

鱸魚南蠻漬

將鱸魚肉炸過，浸入充分發揮白梅醋柔和酸味的南蠻醋後享用。亦可用來醃漬口感十足，香氣四溢的蔬菜類。

 ■ 做法在174頁

鱸魚湯注

將鱸魚的魚雜碎烤過，擺入鴨兒芹與青紫蘇，接著澆淋熱水，做成湯品。魚雜碎會產生油脂，讓人充分感受到魚的美味。

活用材料＝魚雜碎

將烤過的中骨、青紫蘇與鴨兒芹擺入容器中，並澆淋熱水。

鱸魚湯漬

將烤過的鱸魚、香味蔬菜及芝麻擺在白飯上，接著澆淋熱水。雖然既簡單，又清淡，卻讓人怎麼吃都不覺得膩。下巴等部位的魚肉亦可取之使用，此方法也能運用在各種魚類上。

 ■ 做法在174頁

切魚時的重點

魚皮、魚胃都能享用！

鱸魚的魚肉不僅清爽淡雅，運用範疇也相當廣泛。魚肉大多會加以冰鎮，或是做成烤物、蒸物、碗物用料。魚皮、魚頭及魚胃都是非常美味的部分，中骨及魚鰓只要確實地前置處理，同樣能美味品嘗。

鱸魚更是會出現在義式料理及法式料理，運用相當廣泛的魚類，只要掌握切魚時的訣竅，就能加以發揮。

鱸魚切法雖然與三片切法的步驟相同，但在日本料理的世界裡，將切鱸魚的正式切法名為長切（長おろし）。鱸魚的魚鱗及魚骨都很硬，再加上中骨帶層白色薄膜，光用菜刀無法切除，因此處理時的重點與其他魚類相異。

注意別受傷

鱸魚的魚鱗、中骨都非常硬，特別是鰓蓋根部的鳴門骨猶如刀刃般，處理時相當容易受傷，務必小心切下，並立刻丟棄。切開魚頭時的訣竅，在於須從中骨關節處下刀。

此外，要從中骨切取魚肉時，相連在中骨與腹部間的白色薄膜無法以菜刀切除，因此須用手撕開。這雖然是其他魚類不會遇到的特殊情況，但難度不高。

1

去除魚鱗。放倒菜刀，薄薄地切除鱗片。亦可使用刮鱗器。

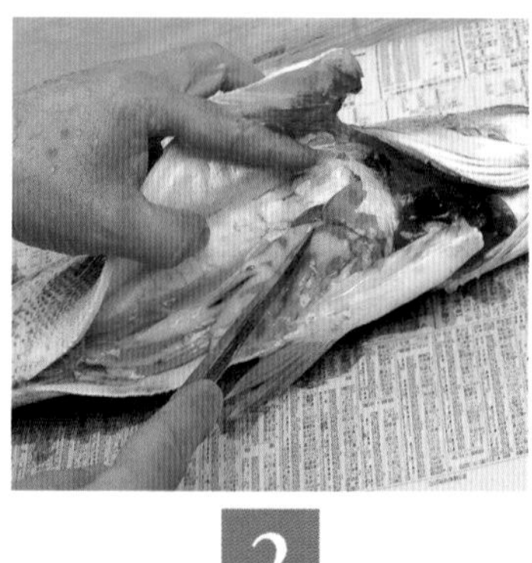

2

水洗後，切斷鰓蓋下緣，並一路切開至肛門處。取出內臟，剝掉魚鰓。

3

沿著中骨入刀，用手指撕掉白膜後，加以洗淨。

三片切法

分切為上身、下身、中骨、魚頭、內臟。接著再分別切取上、下身的下巴，並片掉腹骨。鱸魚的魚皮也非常美味，因此勿丟棄切下的魚皮。內臟中的魚胃做成鹽辛亦是美味。魚頭則能煮出好的高湯。

4

切掉位於鰓蓋根部，相當銳利的鳴門骨。兩面皆須切除，立刻丟棄。

5

下刀時，緊鄰魚頭根部。從關節與關節間入刀，切斷魚骨。

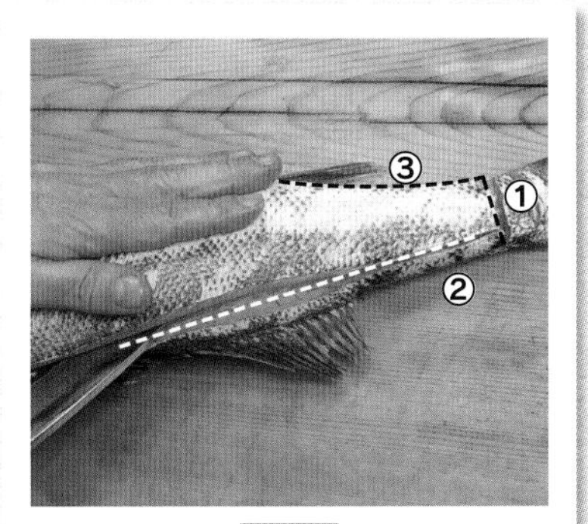

6

依照①～③順序，沿著下身輪廓劃刀。②與③採逆刃握法。

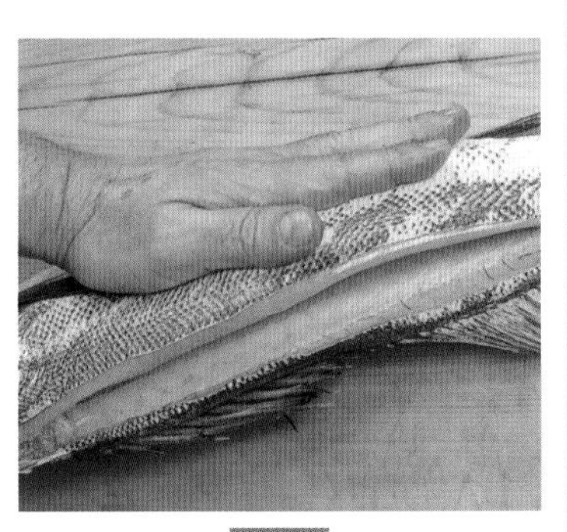

7

從背部入刀，切取下身。沿著中骨一路切開。

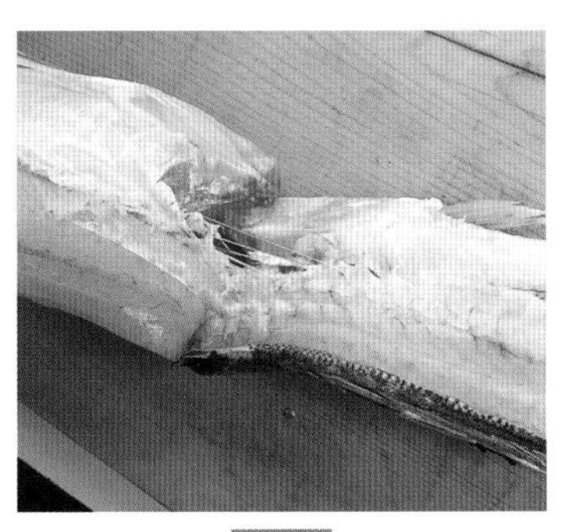

8

用手拉開下身及長有白色袋狀物的部分，將其撕下。

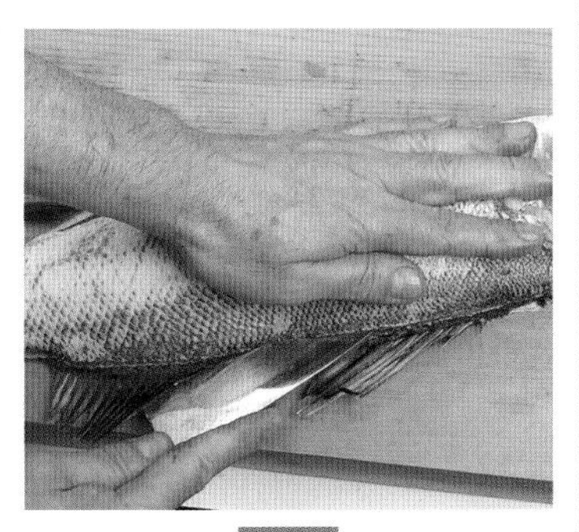

9

依照步驟6的①～③順序，沿著上身輪廓劃刀後，切取魚肉。

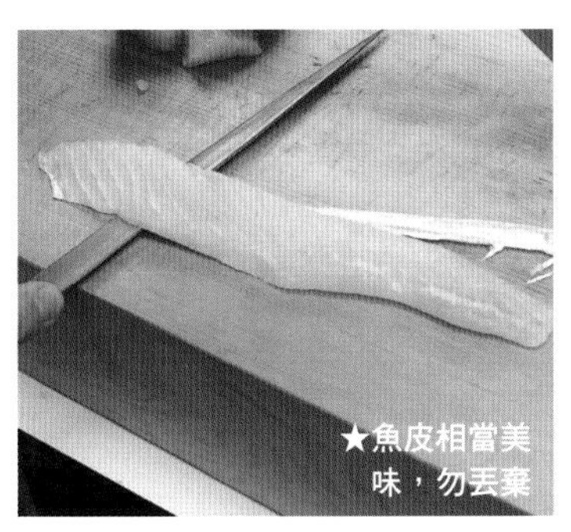

10

切下魚皮。此方法名為「內引」，將魚尾朝右擺放，從魚尾及魚肉間入刀，以魚皮往右拉、菜刀往左動的方式切取魚皮。

沙丁魚

沙丁魚具備青皮魚才有的味道，充滿魅力。於產季捕獲，鮮度十足的沙丁魚美味程度更是獨樹一格。由於近期會出現漁獲量極度銳減的情況，使得沙丁魚已不再是平價魚種，因此要相當珍惜取得沙丁魚的機會，除了魚肉外，也要充分運用魚頭及中骨部位。

■ 做法在174頁

沙丁魚生魚片

山椒芽　生薑

若想充分品嘗到沙丁魚富含油脂的美味，當然就要做成生魚片。這裡將魚肉切成細條後，就更容易沾裹醬油，成為一道外觀美、品味佳的料理。點餐後再開始製作的沙丁魚生魚片實在美味。

沙丁魚梅煮

山椒芽

這是相當常見的沙丁魚料理。無論是在料亭、居酒屋，甚至家中都令人非常熟悉，梅子的風味能夠淡化沙丁魚的特殊味道。連同魚骨滷到軟爛，享受其中口感。山椒芽先汆燙後，再與沙拉油拌勻備用。

 ■ 做法在175頁

鹽烤沙丁魚

葉形生薑

這是道能充分品嘗到沙丁魚美味的簡單料理。只要是滿富油脂、鮮度十足的沙丁魚，建議都可像這樣呈現出漂亮形狀供人品嘗。將沙丁魚以金屬串叉成U字形後燒烤，擺盤時就能展現高度，讓客人直接手拿享用。

沙丁魚炸物三拼（兜、中骨、潮濾）

這是將沙丁魚頭、魚鰓及中骨日曬半天左右，油炸而成的點心菜單。曝曬時，無須撒鹽，油炸起鍋後再撒鹽，嘗起來較不會太鹹。撒點香草或香料將能讓味道表現更加多元。潮濾指的就是魚鰓。

活用材料＝魚頭、中骨、魚鰓

 ■ 做法在175頁

沙丁魚梅里拌物

正因沙丁魚及梅子分別帶有強烈的獨特性質，才能做出這道相互襯托的拌物料理。此手法能運用在各種青皮魚上，算是非常容易發揮。除了梅肉外，與生薑也極為相搭，亦可添加大蒜或核桃。

油漬沙丁魚

山椒芽

將沙丁魚烤過再浸油。能長時間存放，亦可做為前菜、小缽料理或下酒菜，各位務必採納此手法。凹折魚肉單側，插入金屬串再燒烤，就能呈現出完全不同的感覺。

 ■ 做法在175頁

切魚時的重點

一般我們所說的沙丁魚，都是指遠東擬沙丁魚。處理時會採三片切法，小型沙丁魚則會採手開法，不同的大小與用途會搭配不同切法。

大沙丁魚為三片切法，小沙丁魚為手開法

以三片切法處理的沙丁魚會做成生魚片、天婦羅等料理，手開法則能做成魚丸及天婦羅。

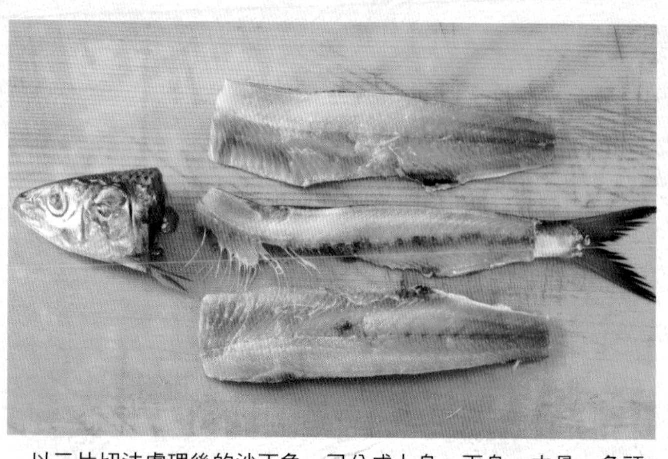

以三片切法處理後的沙丁魚，已分成上身、下身、中骨。魚頭及中骨可油炸，做成下酒菜。內臟則不太會加以使用。

然而，沙丁魚肉富含油脂，做成生魚片時，若改採手開法，讓魚肉產生凹凸皺褶，就能更容易沾裹醬油，品嘗起來也會更加美味。

若是在產季捕獲鮮度極佳的沙丁魚，內臟也是品嘗美味的重點，因此可保留內臟，整條燒烤後，再切成圓塊狀。

沙丁魚肉質軟，魚本身及沾附在手上、砧板上的味道會令人十分在意，因此切魚過程中，須仔細且頻繁地處理、清洗、擦拭。此外，勿使魚頭內的膽囊破裂，確實去除附著在中骨的腎臟也是避免腥臭味殘留的作業重點。

漬鹽或漬醋是為了讓沙丁魚去皮後，不影響皮目（原本帶魚皮的那面）的美觀程度，同時去除多餘油脂，變得更容易入口。請各位勿嫌麻煩，確實執行此重要步驟。這時，勿使用生醋，建議改用以水1：醋1比例調成的稀釋醋。

三片切法

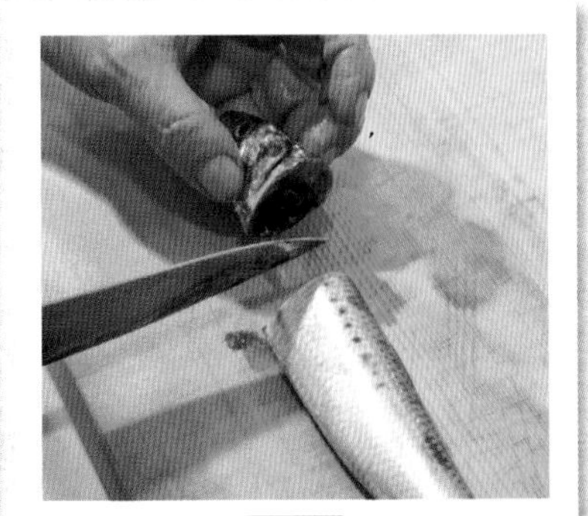

1

讓魚頭朝左，腹部靠向自己，切下頭部。

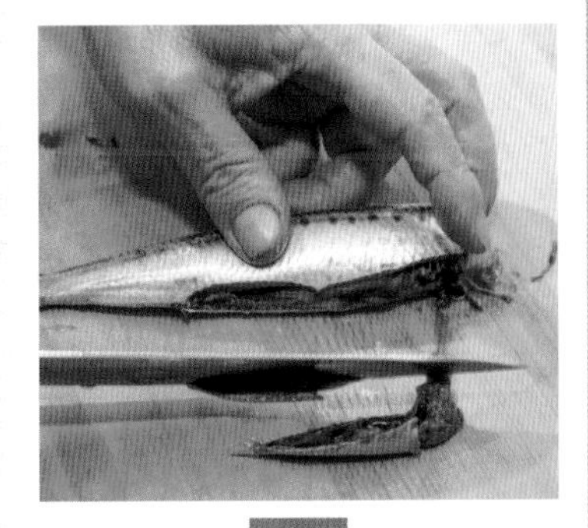

2

取出內臟。分2次入刀，將魚身切出三角形。

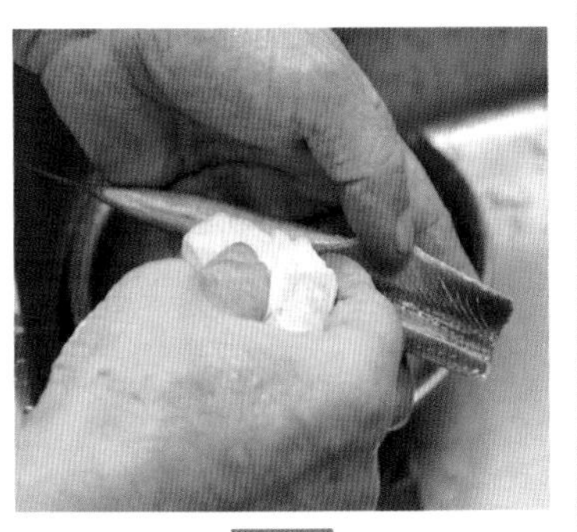

3

摳出內臟，去除黑色部位。沿著中骨仔細地取下內臟，以水洗淨。

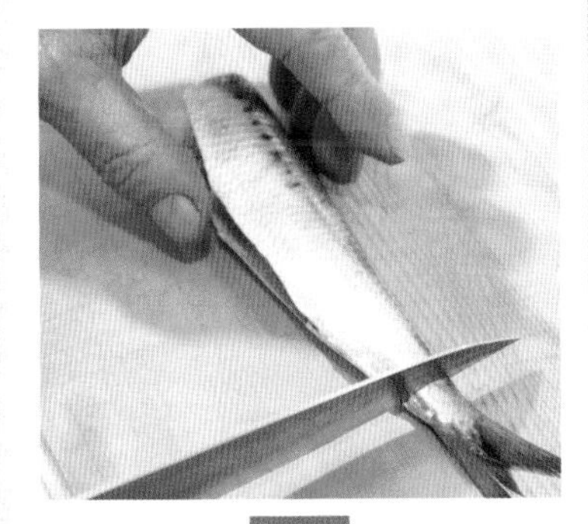

4

為了漂亮地切取上身，須將頭側朝左，腹部靠向自己，在魚尾劃刀。

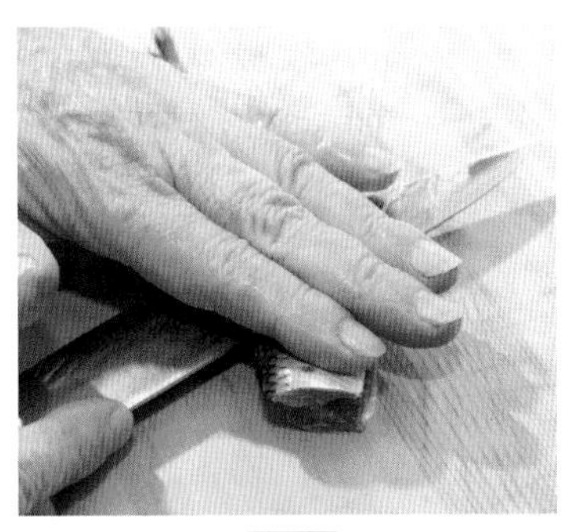

5

接著魚頭側朝右，從頭部朝魚尾方向入刀，切開中骨上方，片取上身。

6

切取下身。在魚尾劃刀，從切開魚頭的位置入刀，切取下身。讓下身與中骨分離。

鯖魚

除了從高級的品牌鯖魚，到冷凍鯖魚及養殖鯖魚，鯖魚的產品類型多樣，每種鯖魚的處理方式也不同。照理來說，鯖魚能做成各種料理，但受產品類型的侷限，就會有適合的料理以及不適合的料理。這時就必須掌握每種鯖魚的特性。

漬鯖魚

筍子　萱草嫩芽　柚子泥　梅肉

市面上能取得鮮度極佳的鯖魚，因此浸漬的時間及醋量不用比照從前，改採淺漬即可。品嘗起來就像活跳鯖魚般美味。

 ● 鯖魚 ■ 做法在176頁

鹽烤鯖魚

白蘿蔔乙女拌物

只要用最基本的烤法，就能感受到鯖魚既有的鮮味。凹折單側魚肉，展現立體感，並以金屬串叉起，將魚皮烤到酥脆。

鯖魚味噌煮

這是道相當常見的配菜，但若想去除鯖魚特有的腥味，就不能缺少仔細的前置處理作業。燉滷養殖鯖魚時，梅乾會扮演著相當重要的角色。

碗物

鯖魚腹骨　白蘿蔔　柚子泥

將腹骨先烘烤，再油炸，充分品嘗整塊腹骨的滋味。腹骨形狀較大，視覺上也相當美觀。鯖魚下方鋪有以昆布高湯燉煮入味的白蘿蔔。

活用材料＝腹骨

徹底應用提示〔11〕

精囊

白子是魚的精囊。黑鯛、河豚、鯖魚、穴子魚和鯛魚稱為五大白子，特別好吃。近30年則是加入了太平洋鱈及鮭魚，人稱七大白子。其中又以寒鯖備受關注，美味程度不輸給鯛魚及河豚。基本上魚類的精囊都能食用，唯獨金梭魚的精囊帶有微量毒性，須多加留意。

精囊的烹調方式多元，可做為碗物用料、汆燙後澆淋柚醋、磨泥後加酒做成白子酒，亦可下鍋油炸、熱煎、燒烤，或是做成天婦羅、揩流湯及鹽辛等。香魚最有名的則是將精囊鹽漬，做成名為うるか的醃醬。河豚精囊烤過後浸入油中，可存放半年。

寒鯖白子

將珍貴的寒鯖精囊切開後，只要添加檸檬汁與柚子泥，就是一道佳餚。美味程度不輸給鯛魚及河豚精囊。

活用材料＝精囊

 ■ 做法在176頁

鯖白子鹽辛

這道精囊鹽辛帶有一股淡淡的鯖魚香氣，是喜愛珍味的老饕們無法抵擋的料理。先用酒洗掉鹽分，再以菜刀剁碎，才能帶出鮮味。

活用材料＝精囊

徹底應用提示〔12〕

魚鰓

潮濾指的就是魚鰓。除了魚鰓太硬，如日本鬼鮋及鮟鱇魚外，所有魚類的魚鰓都能食用。魚鰓血水較多，處理時務必多花點時間及工夫，徹底去除腥臭味。基本步驟為充分水洗後，撒鹽並靜置1晚。接著只要烤到酥脆再下鍋油炸，絕大多數魚類的魚鰓都能品嘗。

將石狗公或竹筴魚等，魚骨較軟的小型魚魚鰓先去腥後，只須烤過即可。鯛魚的魚鰓則可燉煮成鹹甜風味。

酥炸潮濾

與啤酒非常相搭的鯖魚魚鰓料理。仔細前置處理後，放入烤爐烘烤，接著下鍋油炸。幾乎所有魚類的魚鰓都能以此方式烹調品嘗。

活用材料＝魚頭、中骨、魚鰓

鯖魚兜揚

先燒烤，再下鍋油炸，就連魚頭也能變得爽脆。其他骨頭較硬的魚頭也能以相同方式烹調。

活用材料＝魚頭

切魚時的重點

能做成生魚片、滷物、炸物、壽司的萬能魚類。鯖魚過去是比沙丁魚、秋刀魚便宜的平價魚代表，但品牌鯖魚登場後，部分鯖魚儼然擠身進入高檔魚行列。

切取鯖魚魚頭的位置，會隨料理用途有所改變。若要像品牌鯖魚一樣，用來生食，或醋醃鯖魚，那麼切取魚頭會避免切到魚身，盡可能地讓身體部位保留更多魚肉。切下的魚頭可用來燒烤或做成炸滷料理。

無法成塊或做成生魚片的鯖魚則可用來鹽烤或煮滷。分切時須思考該使用何種切法，譬如要將鹽烤後會相當美味的下巴切得大塊些，考量煮滷料理的美觀性，則須將鯖魚切成圓塊狀。若要切成圓塊狀，就要以不剖開魚肚的方式取出內臟，連同魚骨輪切。

棄之可惜的寒鯖精囊

寒鯖精囊的美味，竟然不太為人所熟知。就算是專業廚師，大多數的人也都是直接丟棄，因此希望各位能在寒鯖的產季加以利用。

市面上流通量大，能輕易在一般店家購得的，是產自挪威，最具代表性的冷凍鯖魚。

以熟食而言，冷凍鯖魚的利用價值極高，可做成滷物、炸物、照燒、鹽烤料理。烹調時，務必徹底去除腥臭味。

1

立起胸鰭，連帶些許魚身，切下魚頭。若不使用下巴及魚頭，下刀時則無須連帶身體部分。

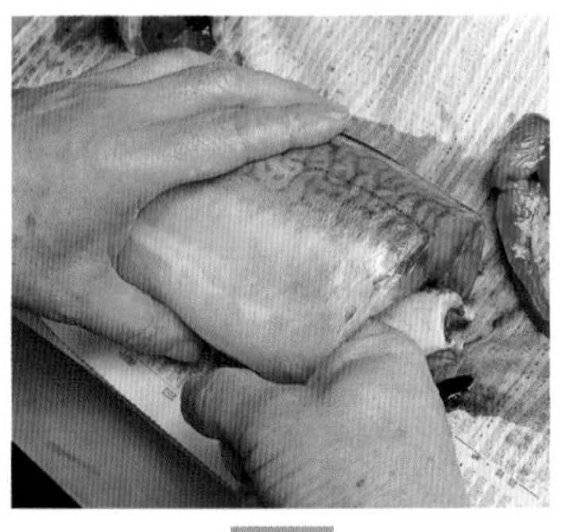

2

取出內臟。此為切圓塊時的取內臟法。用手指從切口處摳出內臟。

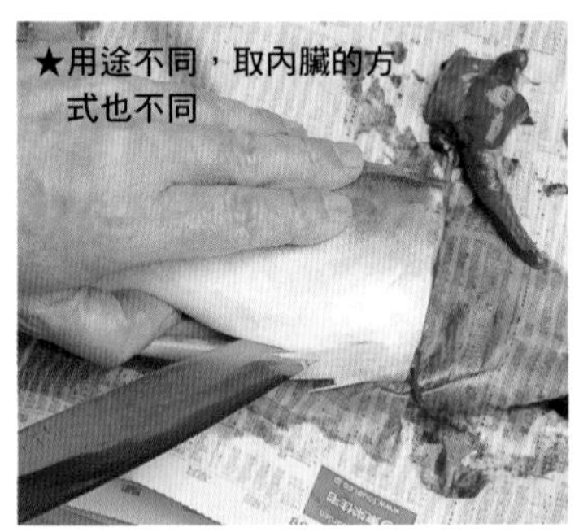

★用途不同，取內臟的方式也不同

這是與2不同的內臟取法。從肛門逆刃切開魚腹，取出內臟。

三片切法

以三片切法，分切成上下身、魚頭及中骨。削切掉的腹骨、內臟及魚鰓同樣能做成料理。用來做味噌煮時，則不是採用三片切法，而是取出內臟後，連同魚骨輪切。

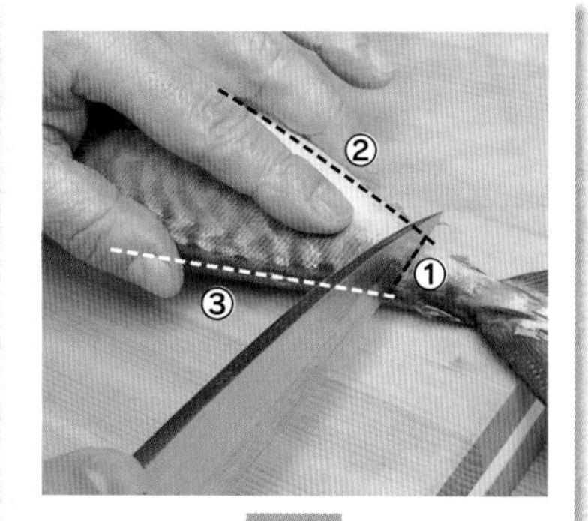

3

依照①～③順序劃刀，準備切取魚身。

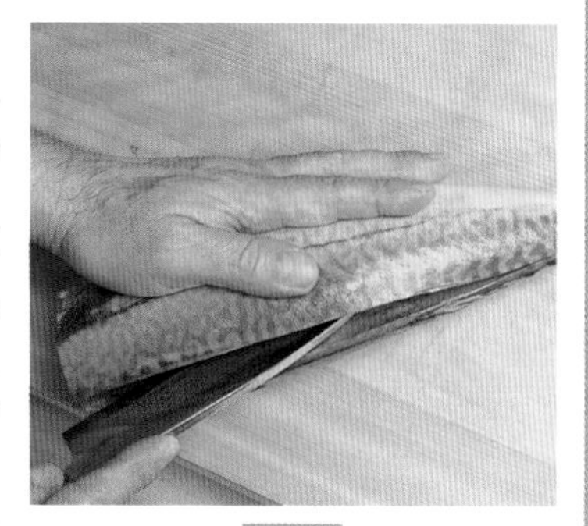

4

從背部入刀，切取下身。若要做成船場汁，則可將中骨稍微留些魚肉。

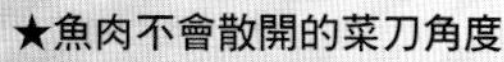

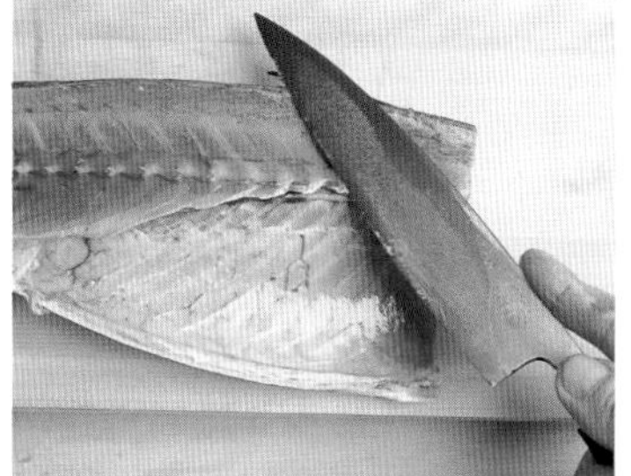

5

切取魚身時的菜刀角度。與中骨呈45度，魚肉較不容易散開。

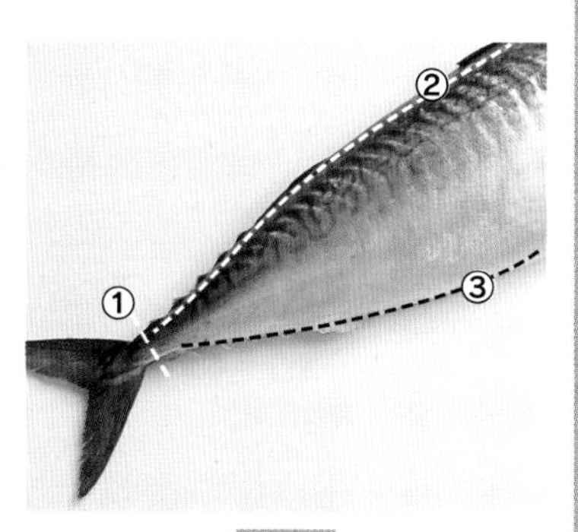

6

準備切取上身。依照①～③順序，沿著魚身輪廓劃刀。

7

削切掉大片腹骨，可鹽烤或做成碗物。

8

切開魚頭。魚頭前端較硬，須切掉並丟棄。

9

將切掉前端的魚頭剖成2塊，切開鰓蓋下緣，用手撕掉魚鰓。

竹筴魚

在青皮魚類中，竹筴魚的腥味相對較淡，能做成各式各樣的料理。處理難度不算高，是非常好發揮的魚類。品質優異的竹筴魚更是一年比一年珍貴。竹筴魚的魚骨並不會很硬，魚頭、中骨、魚鰓皆能加以品嘗享用。

竹筴魚生魚片

小黃瓜　梅乾　山藥　生薑　山菊

在碎冰擺上木炭，將竹筴魚搭配顏色繽紛的裝飾配菜。竹筴魚劃入格紋狀切痕後，會更容易沾裹醬油。

 ● 竹筴魚 ■ 做法在177頁

竹筴魚造型生魚片

山藥　小黃瓜　檸檬
生薑　山菊

竹筴魚的基本料理。用刀技巧上並不會特別難，但若要胸鰭自然立起，就必須用點訣竅。

■ 做法在177頁

酥炸竹筴魚中落

這是道製作完造型生魚片後，常會免費供客人品嘗的料理。竹筴魚一年比一年珍貴，若是野生竹筴魚，當然就沒有浪費中骨的道理。

活用材料＝中骨

 ■ 做法在178頁

鹽烤竹筴魚

葉形生薑　萊姆

在魚鰭上仔細沾抹化妝鹽，將整條魚烤到充滿活跳感，就是最大的享受。若想讓油脂表現更突出，則可在燒烤後稍微抹油，注入光澤與鮮味。

炸竹筴魚頭

這是道非常配啤酒，富含鈣質的健康料理。撒鹽後靜置一晚，先烤再油，就能展現出其中鮮味。

活用材料＝魚頭

油漬竹筴魚

萊姆　梅乾　花雕生薑

將鹹味稍重的竹筴魚燒烤後，浸漬於沙拉油中。浸油能拉長保存期間，口感中還會帶有油的鮮味。

竹筴魚梅里拌物

這是道大量使用青紫蘇、生薑、蘘荷，猶如凝結初夏香氣的清爽拌物。非常推薦做為前菜或小缽料理。

 ■ 做法在178頁

切魚時的重點

竹筴魚在過去雖然是平價魚種，但自從品牌竹筴魚登場後，高品質的野生竹筴魚便成了高檔魚類。來自韓國等地的進口魚或養殖魚雖然容易取得，味道卻不甚美味，除了魚肉本身，魚頭及中骨亦是讓人不予置評。

就算不是品牌竹筴魚，只要為野生漁獲，包含魚頭及中骨部位都會比冷凍或養殖魚明顯美味許多。

保留魚頭，切取上身及下身。上身與下身的狀態同一般的三片切法。與魚頭相連的中骨可做成造型生魚片，亦可做為一道單獨的料理。

對於這類稱不上是高檔魚的魚類，大家或許較不會認為一定要徹底使用，但若現在不抱著充分品嘗所有部位的心情做運用，今後可能更加浪費。

比想像中簡單的造型生魚片切法

用竹筴魚做成的造型生魚片是非常受歡迎的料理。這裡要來介紹如何保留魚頭，切成造型生魚片用的三片切法步驟。即便說是造型生魚片，也並非那麼特殊，而是和基本的三片切法一樣，先沿著輪廓劃刀後，片取上身與下身的魚肉。實際切取時會驚訝地發現，其實比想像中簡單。然而，剖開腹部取出內臟的話，會有損視覺美觀，因此可以「捲筷法」，用筷子夾住魚鰓及內臟，將其從魚嘴拉出。此方法能很神奇地徹底清出內臟，敬請各位務必牢記。

此切法雖然是用來製作造型生魚片的方法，但在中骨的應用上也相當方便。由於切取時，魚頭仍與中骨相連，因此能做成外型很棒的魚骨仙貝。當然，切下的肉身再以三片切法，做相同處理即可。

若要做成活體生魚片，可先用毛巾蓋住竹筴魚眼睛使其安穩後，省略步驟2、3，直接將魚身片成三片。如此一來中骨就會留有內臟及魚頭，使竹筴魚看起來更加生猛活跳。

造型生魚片的三片切法

1

去除魚鱗。魚鰭根部及下身側容易殘留鱗片，須特別留意。

2

以「捲筷法」取出內臟。從魚鰓外側插入2支衛生筷，長度大約至肛門處。

3

握住2支筷子，邊轉動，邊從嘴巴拉出內臟及魚鰓。

4

沿著要切取的魚身輪廓，劃入①～⑤的切痕，以切取上身。

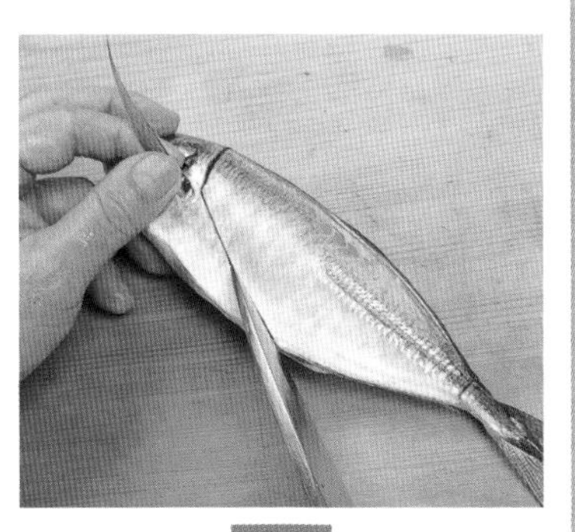

5

劃入第③條切痕，從胸鰭下方劃至肛門。

6

切取上身。擺放時，將魚頭朝上、魚背朝右，從背側切取魚身。

7

與上身一樣，於下身劃入切痕，依順序①～⑤下刀。

8

切取下身。擺放時，將魚尾朝上、魚背朝右，用菜刀輕觸中骨的方式，片開下身。

紅鮒

與青鮒一樣，紅鮒的魚頭、魚鰓、魚胃、魚皮全部都能做成料理，利用價值極高。養殖紅鮒的數量雖然比野生的要多，卻不會帶給人對於養殖魚類的既有印象，同樣非常受到歡迎。紅鮒的最大特色，在於口感比青鮒更有彈性的魚身。

紅魽生魚片

白蘿蔔　金時胡蘿蔔　柚子泥
山葵　山菊　柑橘醋醬油

將新鮮的生魚片佐上柑橘醋醬油。在紅魽分別劃入方格狀與細直條切痕，如此一來富含油脂的魚肉會更容易沾裹柑橘醋醬油及佐料。這裡以木炭做為盛裝容器。

 ■ 做法在179頁

照燒紅鮒

白蘿蔔　梅肉
滷大蒜

燒烤前事先調味，待充分入味後，再以邊抹醬汁的方式烘烤。搭配擺盤的「滷大蒜」，是以砂糖燉滷的大蒜。

紅鮒滷白蘿蔔

此料理使用了紅鮒的中骨、內臟與腹骨。調味料的部份除了有醬油、酒，亦添加了芝麻油。富含油脂的魚類和芝麻油非常相搭。

活用材料＝中骨、內臟、腹骨

徹底應用提示〔13〕

魚雜碎

雖然有人認為，應將上身除外的其他部位全歸類為魚雜碎，但正確地來說，魚鱗、內臟及魚鰓並不包含在魚雜碎內。切魚時，會先將上述部位切下後，水洗並切取魚身。所謂「魚雜碎」，是指將魚水洗，切取魚身後所剩餘的部位，因此魚雜碎為中骨、魚鰭、腹骨、下巴。

針對這些部位的使用方式，無論是單獨烹調，或是整個做為魚雜碎運用，都必須前置處理，充分去腥。魚雜碎可用來燉滷、煮湯或下鍋油炸。

 ■ 做法在179頁

鹽烤紅鮒下巴

白蘿蔔 葉形生薑

這是道油脂緩緩滲出，相當刺激食慾的鹽烤魚下巴料理。鹽烤，是所有烤物的基本，撒鹽後靜置1晚的前置步驟甚是重要。

活用材料＝下巴

■ 做法在179頁

紅魽魚胃醋物

絹絲薑酥　柚子泥　柚醋

紅魽魚胃最吸引人之處，在於無腥味、口感爽脆有彈性。這裡選擇澆淋柚醋，讓品嘗者不會感覺到內臟的腥味。

活用材料＝魚胃

 ■ 做法在180頁

切魚時的重點

紅鮒本身體型大，可做成生魚片、照燒、鹽烤、清湯等多種料理，就連魚頭、魚鰓及內臟都能徹底品嘗。

基本的處理方式為適合運用在各種料理的長切法。所謂長切，雖然就是三片切法，但在日本料理的世界裡，切紅鮒的手法被歸類於為長切法。

魚頭、中骨及內臟可用來紅燒。上身可做成生魚片或加以鹽烤。下巴與腹骨則是鹽烤或做成碗物。魚胃可做成鹽辛料理、拌物及滷物。魚頭烤過後，倒入熱水就是美味高湯。下巴與腹骨須從圖片中的魚身再分切出來。

取代青鮒幼魚及養殖青鮒，人氣扶搖直上！

自從開始強制標示產地以來，青鮒幼魚因給人較強烈的養殖魚印象，人氣稍稍減弱。反觀，紅鮒的使用機會隨之增加。雖然紅鮒多半為養殖魚，但給人的既定印象並不強烈，因此相對受到喜愛。

在口感表現上，紅鮒的魚肉會比青鮒更有彈性，首先會被拿來做成生魚片。分切魚頭時，會在魚頭根部（日文為うなもと）下刀，盡可能地不殘留魚身。這時，切下的魚頭會用來做成名為粗煮（あらに）的燉滷料理。

此外，切取魚頭前，必須先去除魚鰓及內臟，這是以三片切法在處理像是紅鮒的中型魚類時，最基本的步驟。如此一來就能避免內臟血水沾染魚肉，且更有效率。

只要是如紅鮒般大小的魚類，魚頭就必須分切。這裡向各位介紹大魚的分切方式。若是小型魚，無須刻意分切。在處理鯛魚及白鮒時的道理相同。

三片切法

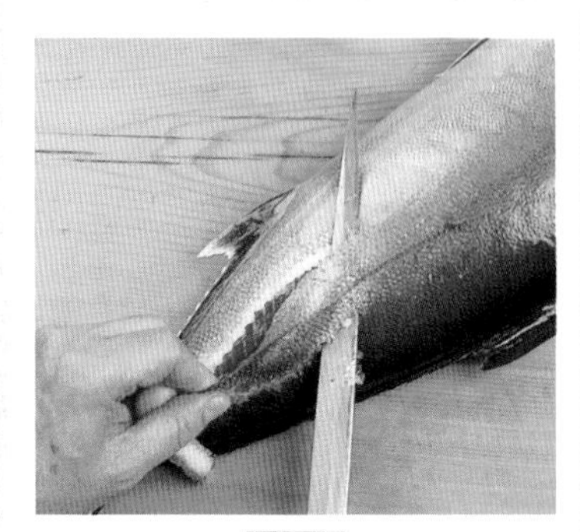

1

以柳刃菜刀朝魚頭方向削去魚鱗。須特別留意胸鰭四周的鱗片。

2

翻起鰓蓋，切斷下緣，從肛門一路剖開腹部至鰓蓋下緣處。

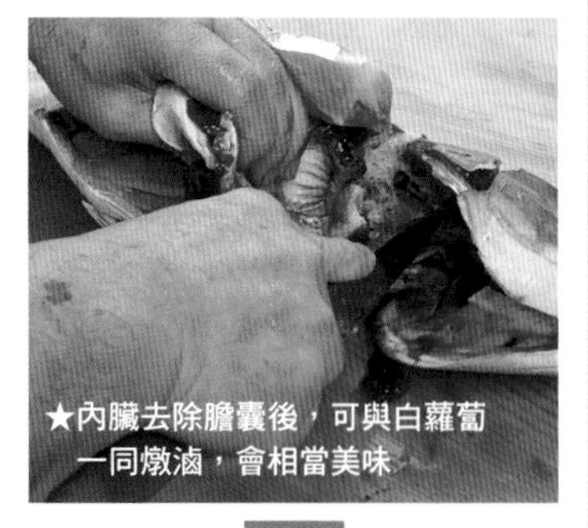

3

拔掉魚鰓，取出內臟。其後切取頭部，水洗腹部。

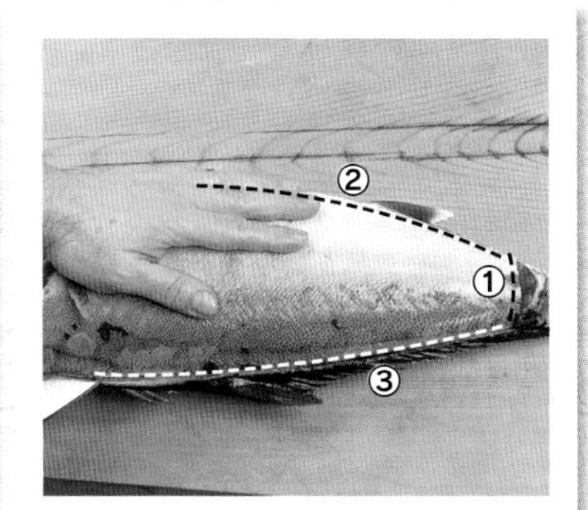

4

沿著下身輪廓，以菜刀依照①～③順序劃刀。

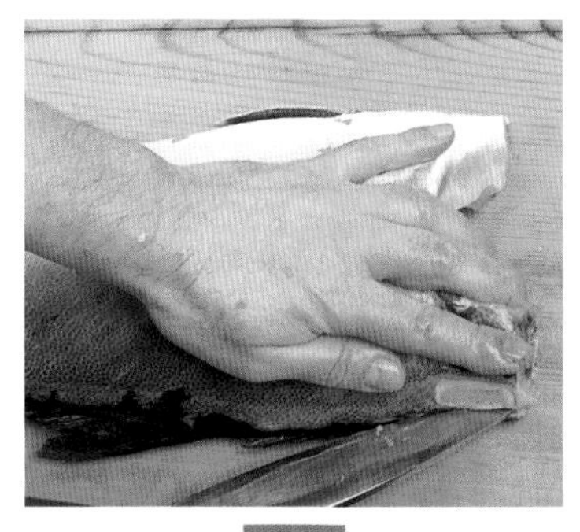

5

切取下身。沿中骨入刀。

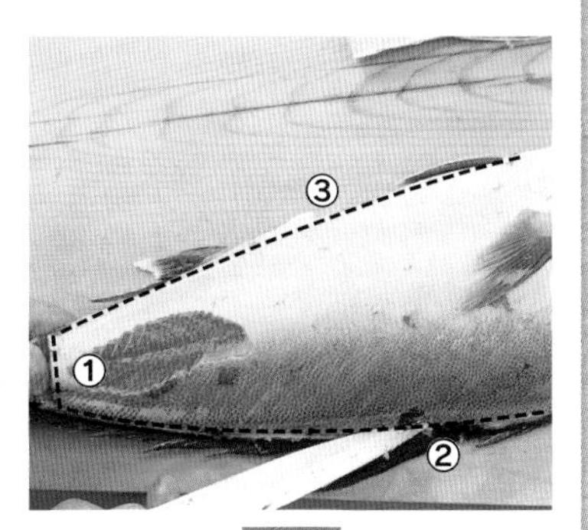

6

沿著上身輪廓，依照①～③順序劃刀。②與③採逆刃握法。

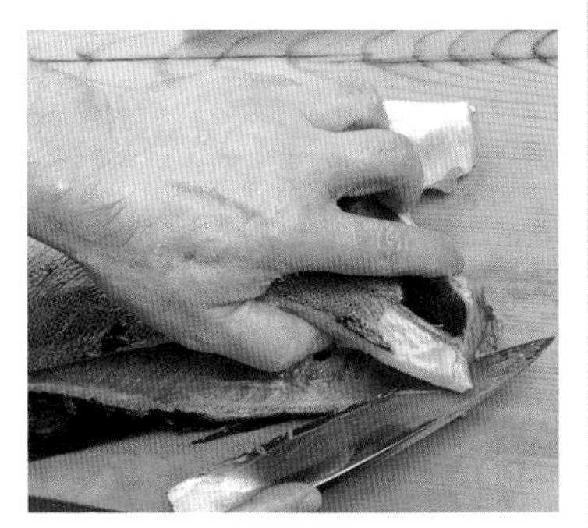

7

從中骨分切出上身。放倒菜刀，沿中骨劃開。

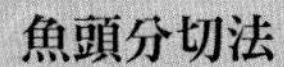

魚頭分切法

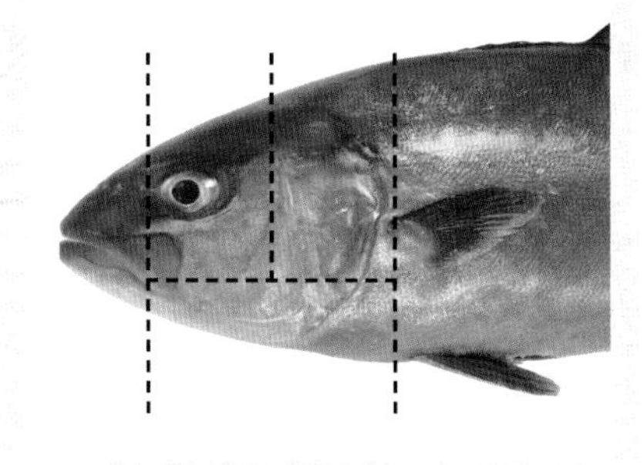

若要紅燒中型魚的魚頭，就必須分切成容易入口的大小。先將魚頭從上方剖成2半後，再依上圖做分切。

白鮒

白鮒屬高檔魚類，多半被做成生魚片、鹽烤料理及握壽司，使用上感覺較為侷限。但其實白鮒也會放入義式料理的冷盤中，同為生食，卻有不同的品嘗方式。中骨及腹骨等魚雜碎，則能比照其他魚類的方式利用。

白鮒冷盤

原本魚和油的搭配性就很高，許多魚類都能做成沙拉料理供人品嘗。只要在調味中添入醬油，味道表現就會非常融合。

白鮒生魚片

白蘿蔔　濱防風
柚子泥
絹絲薑酥　山葵

若想好好品嘗白鮒，當然就要做成生魚片。白鮒富含油脂，非常推薦搭配芝麻醬油淋醬。除日本酒外，在風味上與葡萄酒亦十分相搭。

 ■ 做法在180頁

白鮒魚雜碎羹

在先烤後炸的白鮒魚雜碎，澆淋熱騰騰的高湯。高湯勾芡後，會更顯份量，非常適合做成分食享用的菜餚。

活用材料＝魚雜碎

■ 做法在180頁

白鮪沙拉

用白鮪與充滿香氣的青紫蘇、芹菜，再搭配以自製美乃滋為基底的淋醬加以拌和。自製美乃滋是此料理在味道表現上的重點。

 ■ 做法在181頁

切魚時的重點

切白鮒時，會盡量保留做成生魚片的部分，因此魚頭及中骨都會盡可能地不殘留魚肉。將切下的魚頭、中骨、腹骨及魚鰓充分洗淨，先烤後炸便能品嘗。將內臟燉滷成鹹甜風味亦是可口。下巴則推薦鹽烤或做成碗物。

白鮒是所有鰺科魚類中，被認為口感最佳的高檔魚。市面上雖可見養殖白鮒，但野生白鮒的身影愈顯稀少，也使得價格不斷攀升。

處理白鮒時，要盡量保留生魚片及鹽烤所須使用的魚身

雖然白鮒最受歡迎的吃法是做成生魚片、握壽司及鹽烤，但在義大利等西式料理的世界中，同樣可見白鮒的身影。正如前頁所述，白鮒其實也能夠做成不侷限於日式印象的料理。這裡便結合了冷盤與沙拉的概念，做成受年輕人喜愛的菜餚。

基本上以三片切法處理，白鮒魚骨結構類似鯛魚，因此可比照鯛魚的三片切法。白鮒魚骨相當硬，因屬鰺科，帶有魚皮骨，但處理時無須太過緊張。

白鮒本身較不適合加熱烹煮，但只要將中骨及腹骨等魚雜碎灑鹽去腥，先烤後炸處理過，同樣能加以品嘗，魚鰓亦是如此。

切野生白鮒時，血水為紅色，養殖白鮒的血水則偏黑，能立刻分辨。

三片切法

1

刮除魚鱗時，順便在鰓蓋下緣劃刀，以取出內臟。

2

從鰓蓋下緣一路切開至肛門，取出內臟及魚鰓並加以清洗。其後切取魚頭。

3

切取下巴。若要做成烤物或粗煮（燉滷料理）時，則須切大塊些。

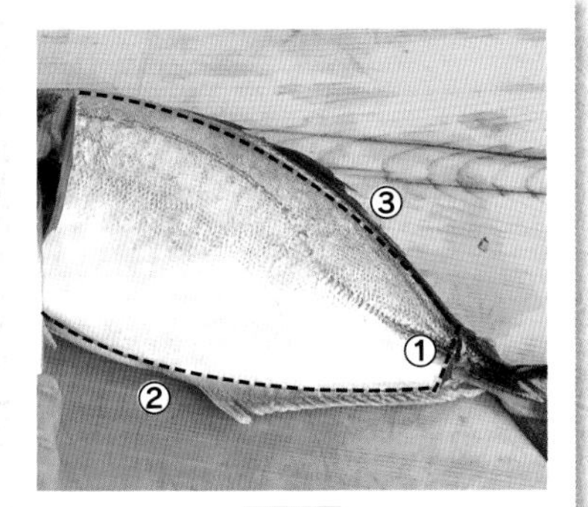

4

沿著上身輪廓，依照①～③順序劃刀。②與③採逆刃握法。

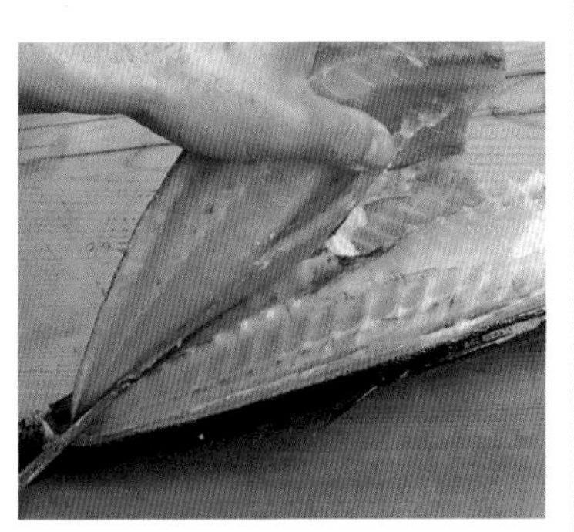

5

放倒菜刀，沿著中骨切取上身。

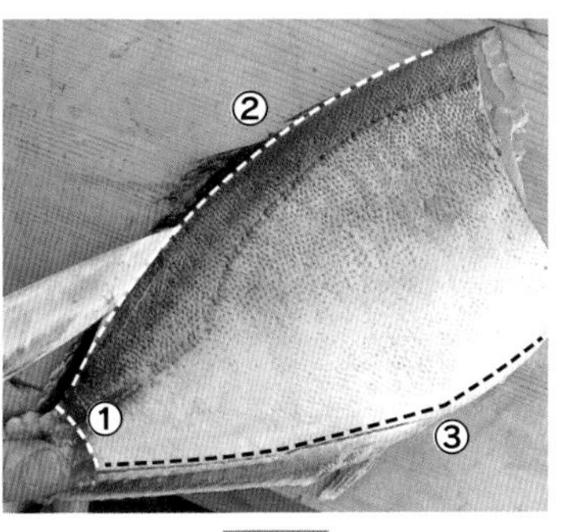

6

沿著下身輪廓，依照①～③順序劃刀。

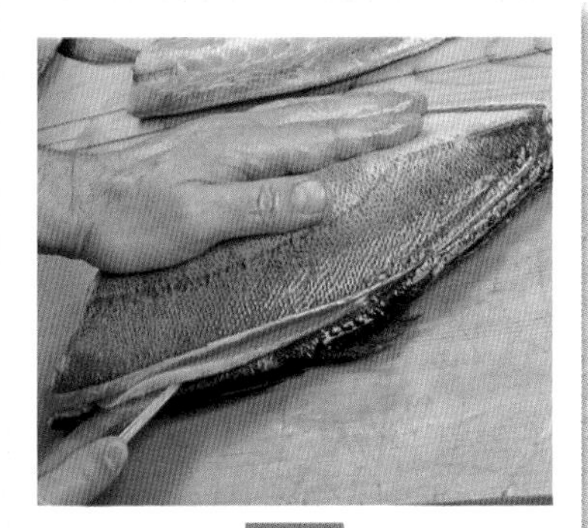

7

從背側放倒菜刀切入，將下身從中骨切離。

香魚

香魚給人的熟悉度不僅勝於過往，目前更已是養殖香魚當道。野生香魚及養殖香魚的差異甚大，就連魚骨及內臟的品嘗方式也不同。製作料理時，敬請充分掌握其特徵。

白子鹽漬醬

使用產鮎（秋天為產卵順流而下的香魚）精囊製成的珍饈美味。這裡還加了烤過的香魚肉，避免因為只有鹽辛的味道，以致腥味太重，讓品嘗者更容易入口。

 ■ 做法在181頁

鹽烤香魚

這是香魚絕對少不了的一道料理。在所有的魚鰭仔細抹上鹽巴，烤出香魚彷彿正在徜徉游泳的形狀。上桌前稍微抹油，讓香魚更栩栩如生。

香魚飯

將大量山椒芽與連皮烤過的香魚一起下鍋炊煮，是道光香氣就令人無比享受的飯類料理。市售山椒芽的鮮味較為遜色，最好是能使用野生山椒芽。此外，與蓼葉也極為相搭。

 ■ 做法在181頁

酥炸香魚骨

將中骨與腹骨撒鹽，醃漬1晚後再日照曝曬，最後下鍋油炸而成的料理。亦可改為燒烤，但油炸所須的烹調時間較短。

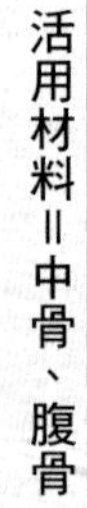

活用材料＝中骨、腹骨

 ● 香魚 ■ 做法在181頁

香魚天婦羅

用香魚做成的天婦羅是道蠻難得一見的菜餚。這樣的烹調方式很適合香魚，非常推薦給各位。可搭配充滿香氣的山椒芽、生薑及芹菜天婦羅。

■ 做法在181頁

香魚若狹燒

將香魚以「開背法」處理，接著浸漬於「若狹地」醃醬後，風乾去除水分，使鮮味增加，再燒烤烹調。以慢火加強烘烤，如此一來連魚頭及中骨皆能品嘗。

 ■ 做法在182頁

切魚時的重點

整條烘烤是香魚最常見的吃法，另外還可以三片切法處理後下鍋油炸、做成香魚飯、天婦羅，或以開背法處理後，曬成魚乾，亦可切成圓塊狀後，做成土瓶蒸或清湯，切法相當多樣。

養殖香魚適合三片切法

目前流通於市面上的香魚多半為養殖魚，與過去主流的野生香魚截然不同。特別是養殖香魚的中骨比野生香魚的硬、卻又脆弱，部分料理若保留中骨，會變得難以品嘗。再者，若像野生香魚一樣滑溜，將很難去除中骨。選擇養殖香魚時，建議切成三片後，再取出中骨。

這裡向各位介紹用途廣泛的三片切法，以及也會用來處理紅點鮭及山女魚的開背法。我有時會被問到，究竟選開腹法好？還是開背法好？原則上兩者皆可。但以傳統角度來看，許多情況較不適合開腹法，因此選擇開背法相對安全。

處理香魚時，另外還有圓塊切法。圓塊切法是先將魚頭切開後，以菜刀從切口拉出內臟，再將魚肉切成圓塊狀。

若要烘烤整條香魚，做成最常見的姿燒料理，只須充分洗淨後，去除魚鱗即可。不同於紅點鮭及山女魚，香魚的內臟受人喜愛，因此無須取出。

由於香魚體表長有名為吸蟲的寄生蟲，因此所有的處理方法都必須充分水洗並仔細去除魚鱗。

以內臟做成的常見料理為鹽辛醃醬（うるか），但只能使用9月的產鮎（秋天為產卵順流而下的香魚）製作。若是卵巢及魚腸的鹽辛醃醬，絕對要使用野生香魚，否則難以下嚥。白子（精囊）鹽辛醃醬則可使用養殖香魚製作，切勿丟棄浪費。

1

去除魚鱗後，切取魚頭，剖開腹部。

2

以菜刀刮出內臟。

開背法

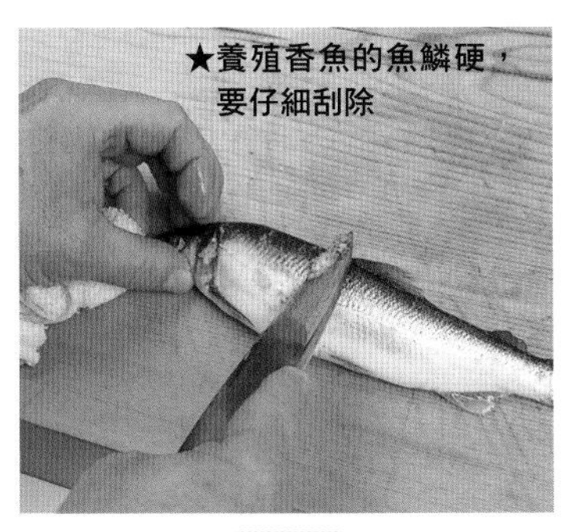

1

去除魚鱗。養殖香魚的鱗片比天然香魚更細更硬。

2

從背部入刀，將菜刀靠在中骨上，從魚尾朝魚頭方向劃開。

3

取出並清洗中間的內臟。

三片切法

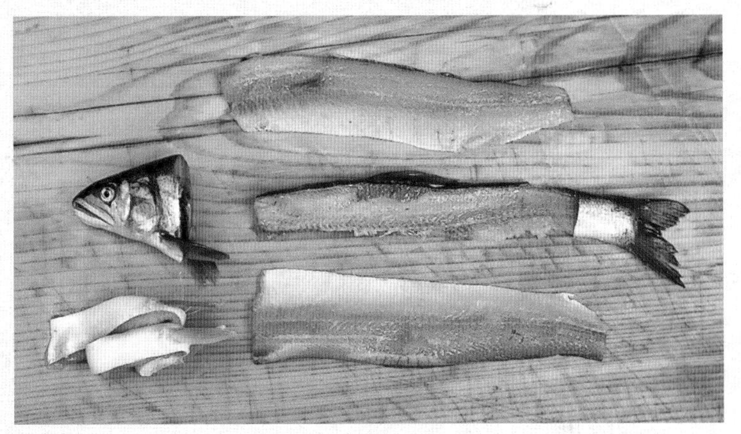

三片切法處理後的香魚。已分成中骨、上身與下身、魚頭、腹骨。以三片切法處理養殖香魚會較好發揮運用。

3

劃入①～③的切痕，才能漂亮地切取下身。

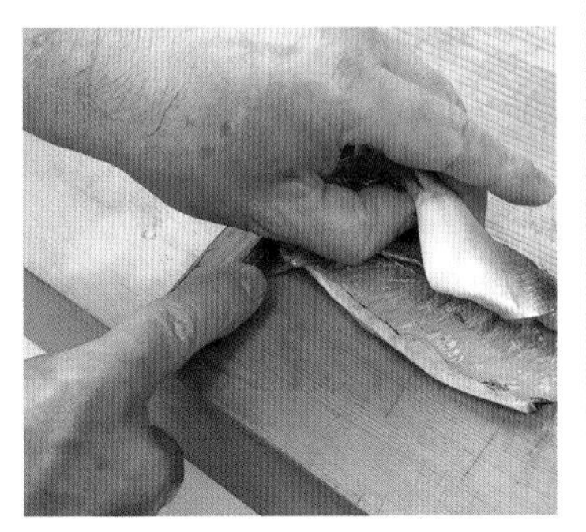

4

切取下身。從切取魚頭處入刀，劃入中骨上方。

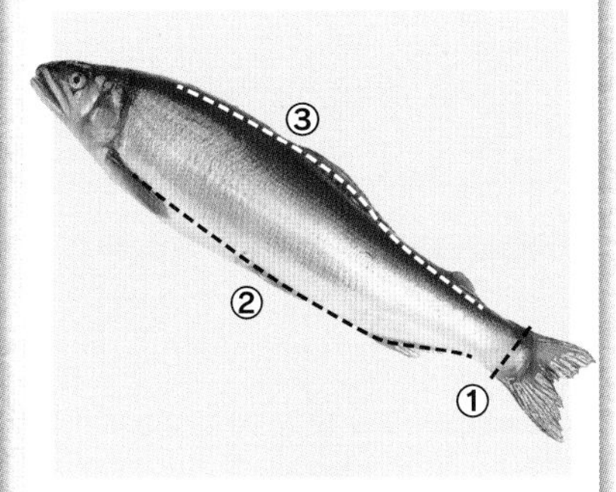

5

與步驟3一樣，劃入①～③的切痕。

6

切取上身。建議盡可能地減少入刀次數。

紅點鮭

拜養殖技術發達之賜，品嘗紅點鮭的機會也隨之增加。雖無法做成生魚片，但可運用的範疇廣泛，能成為充滿風情的料理。價格便宜及體型較小，容易使用發揮亦是紅點鮭的優勢，建議可積極挑選應用。

飴炊紅點鮭

烹煮不像甘露煮那麼費時，當天準備即可供食的優勢相當吸引人。完成時可添入生薑汁與山椒粒，加重香氣。

 ● 紅點鮭 ■ 做法在182頁

鹽烤紅點鮭

黑染牛蒡　萊姆

這是紅點鮭相當具代表性的料理。保留魚鰭，並仔細沾裹化妝鹽。烤到程度剛好，不帶焦黑，讓人見識處理烤物時的功力。

酥炸紅點鮭魚骨

撒鹽後靜置1晚，以較低的油溫將中骨直接下鍋油炸。就算不是剛起鍋的魚骨同樣美味，因此可事先炸好備用。

活用材料＝中骨

烤紅點鮭散壽司

使用鹽烤紅點鮭，以及海苔、芝麻、松子等香氣馥郁的食材，拌成餘味十足的壽司。滴入些許沙拉油，使料理更加濃郁。

■ 做法在182頁

紅點鮭魚田

紅梅
葉形生薑

田樂味噌滿富香氣，是溪魚才有辦法做成的烤物料理。在田樂味噌加入沙拉油，如此一來就算放冷，口感也不會變硬。

 ■ 做法在183頁

紅點鮭拌泥

除了鹽烤過的紅點鮭，還加入了充滿口感的生山藥、土當歸，與白蘿蔔泥一起拌勻。梅乾則是能展現出高尚的鹹味。

紅點鮭芡羹

在炸過的紅點鮭澆淋鱉甲芡羹，是令人暖心的冬季料理。紅點鮭油炸前可先烤過，方能帶出鮮味。

保留魚頭，以三片切法片取上身及下身。中骨連著魚頭一起油炸，就是道充滿視覺效果的料理。

切魚時的重點

隨著養殖技術的進步，紅點鮭變得不再那麼難以取得。價格尚可接受，使得品嘗機會增加。

紅點鮭為淡水魚，須避免生食，且勿使用內臟。即便如此，紅點鮭的料理應用還是相當多元，其中包含了整條燒烤、甘露煮、魚骨酒、蒲燒、魚骨仙貝、煙燻、味醂風味魚干等，類型繁多。

也可用來處理山女魚的切法

紅點鮭的基本處理法為三片切法及開背法，若要整條做料理時，則適合「捲筷法」。

所謂「捲筷」，是一種取出內臟的方法，前述的其他魚類也有使用該做法。以不切開腹部為前提，從嘴巴或鰓蓋取出魚鰓及內臟。適合體型小、內臟小的魚類。由於不會剖開魚肚，因此較為美觀，處理魚的效率也會更好。至於紅點鮭這類小型魚，無論要如何切魚，建議都可先以「捲筷法」取出內臟後，再選擇三片切法或開背法。

這裡也會介紹如何先以「捲筷法」取出內臟後，再切成三片。

紅點鮭愈新鮮，黏液就會愈多，變得非常滑溜。即便繁瑣，但還是建議先依照步驟，事先劃刀後，再從中骨片取魚肉。

三片切法

1

去除魚鱗後，以筷子取出內臟。將衛生筷從魚鰓外側，插至肛門處。

2

另一支筷子同樣從魚鰓外側插入，並夾住內臟及魚鰓。

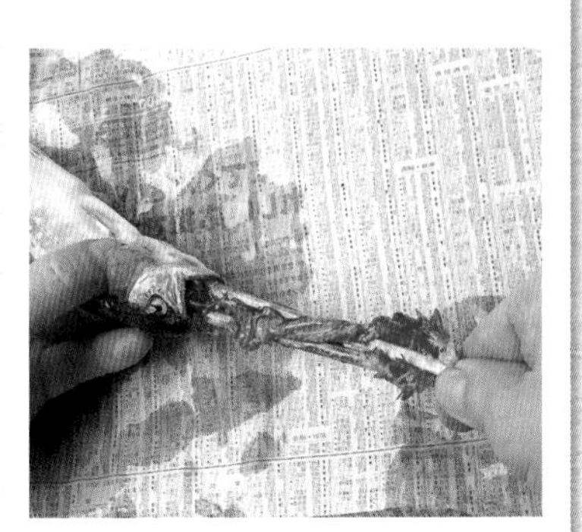

3

邊轉動2支筷子，邊從嘴巴拉出內臟及魚鰓。

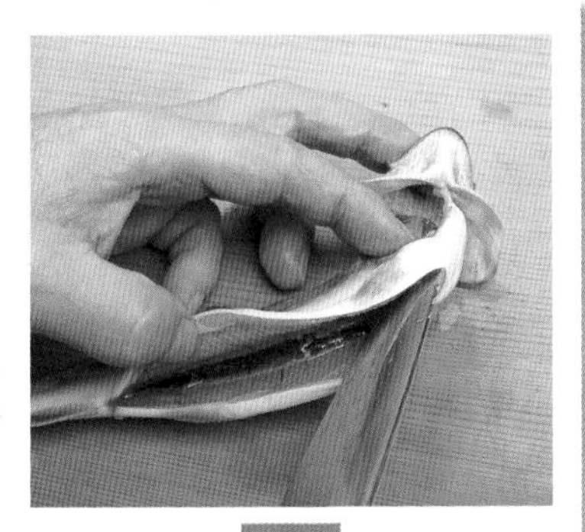

4

附著於中骨的腎臟帶腥味，須切開腹部取出。

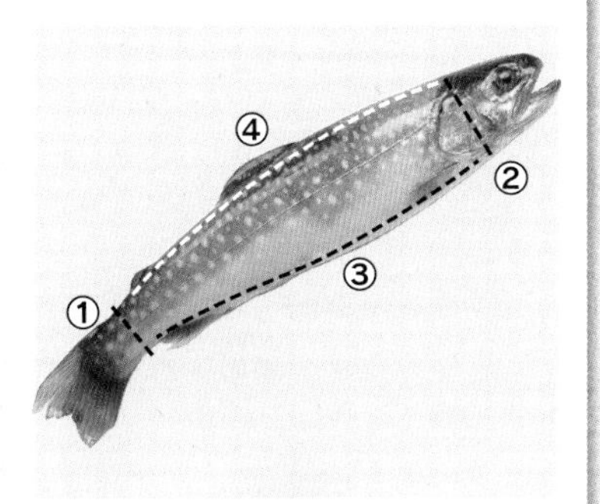

5

劃入①～④的切痕。由於紅點鮭帶有黏液，劃切痕能讓作業更為順利。

6

切取下身。用菜刀輕觸中骨上方，片下魚肉。

7

上身依序劃入①～④的切痕，以和下身相同的方式片取魚肉。

「大和御廚　魚料理」

做法

碗物
紅喉　濱防風　州濱柚子

彩頁在8頁

■做法

1 紅喉切成三片，切取腹骨與中骨。撒鹽後靜置1晚。

2 用酒洗過，將魚肉單邊凹折，插入金屬串後燒烤。

3 取昆布高湯，加鹽調味，做成碗物湯汁。

4 在容器中擺入紅喉，倒入碗物湯汁，佐上州濱柚子與濱防風。

※ 紅喉碗物適合搭配昆布高湯。

紅喉烤物
筍子

彩頁在9頁

■做法

1 紅喉切成三片，切取腹骨。拔除中骨，撒鹽後靜置1晚。

2 用酒洗過，將魚肉單邊凹折，插入金屬串後燒烤。

3 筍子去澀，切成漂亮形狀。插入金屬串，撒鹽並燒烤。

4 盛裝於容器，佐上白蘿蔔泥。

※ 製作白蘿蔔泥時，先水洗蘿蔔，以熱水汆燙30分鐘左右後，再次水洗，稍微瀝掉水分再磨泥。

紅喉烤物
葉形生薑　濱防風

彩頁在10頁

■做法

1 紅喉切成三片，切取腹骨與中骨。撒鹽後靜置1晚。

2 用酒洗過，插入金屬串後燒烤。

3 盛裝於容器，佐上切成葉片形狀的醋取生薑與白蘿蔔泥。

※ 醋取生薑做法

① 把嫩薑雕成樹葉、溪蓀或算籌形狀。

② 用稀釋醋事先汆燙去除辣味。

③ 以水4、醋1的比例調配稀釋醋，加入鹽與味精，做成浸漬醬汁，放入嫩薑浸漬1晚。

※ 白蘿蔔泥參照前述「紅喉烤物　筍子」做法。

鹽烤紅喉兜
襷梅　田島

彩頁在11頁

■做法

1 紅喉魚頭對切兩半，撒鹽，靜置1小時左右。

2 用烤爐將魚頭烤出漂亮顏色。

3 佐上襷梅與田島。

※ 襷梅做法

① 青梅連皮桂削成超過1 m長的薄片，切掉兩端剩餘的青梅皮。

② 將1撒裹大量砂糖，放入玻璃或琺瑯容器中，靜置約1週。

③ 在2灑入燒酒（White Liquor），浸漬1個月左右。

④ 水洗後，捲回原本梅子的形狀，用絲線捆繞3圈。

⑤ 準備足夠的糖蜜，將4浸漬1週以上。

※ 田島做法

① 在5L的水加入2.5 kg砂糖，煮滾後熄火。

② 於①放入5 kg青梅，蓋上烘焙用紙，靜置1晚。

③ 連同醬汁一起擺入容器中，放入冰箱冷藏3個月。

紅喉摺流湯

彩頁在12頁

■做法

1 準備紅喉魚雜碎，魚頭對切兩半。將所有的魚雜碎撒鹽，靜置1小時左右。
2 用烤爐將魚雜碎烤出漂亮顏色。
3 將2放入食物料理機打碎。若有3條紅喉，可加入2L左右的水後，繼續攪打。
4 過濾後，倒入鍋中煮滾。
5 試味道，若太鹹須加水調整。倒入太白粉水勾芡。
6 盛裝於容器。

紅喉宮重蒸

彩頁在14頁

■做法

1 紅喉切成三片後，去除魚肉的腹骨，拔取中骨。撒鹽後靜置1晚。
2 用酒洗過，插入金屬串後燒烤。
3 白蘿蔔磨成泥，加少許鹽並汆燙約40分鐘。加入蛋白並攪拌，接著放入煮熟的百合根與大小容易入口的麻糬，淋在烤好的紅喉上。
4 以中火燜蒸，直到麻糬變軟。
5 澆淋銀羹後便可上桌。

火取紅喉

濱防風　生薑

彩頁在15頁

■做法

1 紅喉切成三片後，去除腹骨與中骨。須保留魚皮。
2 將20～25支金屬串直接放在火上烤到通紅，接著在魚皮上按壓，留下烤痕。
3 把烤過的紅喉浸冰水，降溫後拭乾水分。
4 切成容易入口的大小，盛裝於容器。
5 裝飾稍微汆燙過的濱防風與薑泥，並佐上柚醋。

涮金目鯛

彩頁在18頁

■做法

1 金目鯛切成三片後，去除腹骨與中骨。連皮削切成片。
2 分別將青蔥、土當歸、蕨菜、水芹、麻糬、香菇、豆腐等食材切成容易入口的大小，盛裝於器皿。若有山椒芽亦可放入。
3 於鍋中放入水與昆布，連同柚醋一起上桌。

※可依喜好調整搭配的蔬菜或佐料。這裡使用的是搭配金目鯛春天產季的初春食材。

金目鯛生魚片

玉竹　山葵

彩頁在20頁

■做法

1 金目鯛切成三片後，去除腹骨與中骨，剝掉魚皮。
2 將魚肉切成大塊。
3 盛裝於容器，以玉竹及山葵做裝飾。

鹽烤金目鯛下巴

彩頁在21頁

■做法

1 將金目鯛的下巴撒鹽，靜置1晚。
2 插入金屬串後燒烤。
3 佐上葉形生薑與臭橙。
※ 葉形生薑參照160頁「紅喉烤物」做法。

金目鯛麵線

彩頁在22頁

■做法

1 金目鯛切成三片後，去除腹骨與中骨，連皮分切成適當大小。
2 撒鹽，靜置約2小時並燒烤。
3 製作味噌湯，加入奶油（1人5g），並放入蘘荷碎末。
4 汆燙麵線，放至容器，倒入3的味噌湯。以小顆米菓及蕨菜裝飾。
※ 可使用白身魚或竹筴魚等青皮魚類。不同魚類呈現出的料理品味也會不同。

紅燒金目鯛

彩頁在23頁

■做法

1 準備三片切法處理過的金目鯛魚尾及下巴等部位。
2 澆淋熱水，接著改浸冷水，充分降溫。
3 取砂糖200g、醬油100cc、酒100cc、水300cc及薑片50g混合煮滾，放入金目鯛烹煮。
4 盛裝於容器，以大量山椒芽做裝飾。
※ 鯛魚等高檔魚會用味醂紅燒，但深海石狗公及金目鯛等平價魚改以砂糖紅燒會更美味。

金目鯛一夜干

彩頁在24頁

■做法

1 製作醃醬。以水4、酒1的比例混合而成的調味料中，加入2%的鹽並充分拌勻。
2 切開金目鯛腹部，浸於醃醬1天。
3 擦拭水分，晾曬1晚。
4 用烤爐烘烤，佐上檸檬。
※ 這裡的金目鯛以開腹法處理，亦可改採開背法。

金目鯛兜燒

彩頁在25頁

■做法

1 金目鯛魚頭撒鹽，靜置2小時左右。
2 將魚頭用酒洗過，放入烤爐烘烤。
3 盛裝於容器，佐上葉形生薑與酸橘。
※ 葉形生薑參照160頁「紅喉烤物」做法。
※ 魚頭撒鹽時，為留住既有的紅色，魚皮須朝下擺放。

金目鯛拌宮重

彩頁在25頁

■做法

1 片掉金目鯛的腹骨與中骨後，將上頭的魚肉刮下，撒鹽並靜置2小時左右。
2 用烤爐烘烤，並將魚肉撥散。
3 準備白蘿蔔泥。芹菜去筋，切成薄片。

4 將金目鯛、白蘿蔔泥、芹菜拌勻，以鹽、味精、檸檬汁調味。
5 盛裝於容器，佐上蕨菜與山椒芽。
※ 製作白蘿蔔泥時，先水洗蘿蔔，以熱水汆燙30分鐘左右後，再次水洗，稍微瀝掉水分再磨泥。
※ 搭配的蔬菜可使用土當歸或水芹。魚類亦可改用竹筴魚等青皮魚。

日本鬼鮋薄造

彩頁在28頁

■做法
1 日本鬼鮋切成三片後，去除腹骨與中骨。剝除魚皮後，切薄片並盛盤。
2 佐上紅葉泥，與柚醋一同上桌。
※ 最近就算是切薄片，也都稍微帶點厚度，可做各種不同變化。

炸日本鬼鮋下巴

彩頁在29頁

■做法
1 日本鬼鮋切成三片後，連同胸鰭切取下巴。
2 製作醃醬。以醬油1、味醂2的比例混合而成的調味料中加入生薑。
3 將日本鬼鮋浸入醃醬，靜置冰箱冷藏約2小時。
4 從醃醬取出，擦拭水分。
5 撒裹麵粉，下鍋油炸。
※ 亦可使用下巴除外的魚雜碎。中骨炸過也無法食用，因此可用來淬取高湯。

湯引日本鬼鮋皮

彩頁在30頁

■做法
1 以熱水稍微澆淋日本鬼鮋皮。
2 放入冷水降溫，擦拭水分。
3 切成容易入口的大小，與季節山菜及紅葉泥拌勻，盛裝於容器。
4 澆淋柚醋，擺上絹絲薑酥。
※ 金絲薑酥（絹絲薑酥）做法
① 桂削生薑，切成極細的細絲。
② 用水充分清洗①的生薑，拭乾水分。
③ 以較低的油溫油炸。

日本鬼鮋沙拉

彩頁在31頁

■做法
1 日本鬼鮋切成三片後，去除腹骨與中骨。剝除魚皮後切薄片。
2 製作淋醬。以芝麻油10、醬油1、美乃滋1的比例混合調製，加入適量紅葉泥、檸檬汁後拌勻。
3 將萵苣與嫩葉生菜盛盤，擺上日本鬼鮋薄片，澆淋醬汁。
※ 自製美乃滋可用蛋黃1顆、鹽3g、味精3g、醋5cc、沙拉油1L、檸檬汁1顆、醬油10～15cc，充分攪拌製成。製作時的重點，在於添加醬油就不會油水分離，可避免變質。

日本鬼鮋蒸物

彩頁在32頁

■做法

1 日本鬼鮋切成三片後，去除腹骨與中骨。切成容易入口的大小後，用酒洗過。

2 於容器中放入豆腐、蔥絲、麻糬、核桃、日本鬼鮋肉後燜蒸。

3 澆淋柚醋後，即可上桌。

※ 搭配的食材中，麻糬出乎意料地相搭，柚醋也非常適合。

日本鬼鮋吸物

彩頁在33頁

■做法

1 將日本鬼鮋的胸鰭撒抹較多的鹽，靜置2小時左右。

2 用酒洗日本鬼鮋，接著放入鍋中，加水與酒熬取高湯。

3 加鹽、醬油調味。上桌前，放入土當歸、芽蔥、薑汁煮滾。

4 盛裝入碗中。

※ 這裡雖是用胸鰭製作，可改用魚頭或中骨，亦是美味。

日本鬼鮋味噌湯

彩頁在33頁

■做法

1 以熱水澆淋日本鬼鮋魚雜碎，接著放入冰水冷卻。

2 將日本鬼鮋與水放入鍋中，充分烹煮。

3 加味噌調味，並放入芽蔥。

※ 這裡的魚雜碎是使用魚頭及中骨。愈花時間愈能熬煮出美味高湯，因此務必留下魚雜碎。

白鯧西京燒

彩頁在36頁

白鯧魚骨西京燒

彩頁在39頁

■做法

1 充分混合白味噌（西京味噌）1kg、味醂300cc、酒100cc、沙拉油50cc，製作味噌醃醬。

2 白鯧切成三片後，去除腹骨與中骨，分切成容易入口的大小。魚雜碎同樣須分切。

3 將白鯧的魚肉及魚骨排列於味噌醃醬，冷藏醃漬1～3天左右。

4 取出白鯧，烘烤時，須注意火候。混合味醂200cc、醬油100cc、砂糖1大匙，煮滾並收汁，接著塗抹在烤好的白鯧上。

5 盛裝於容器，以柚子泥做裝飾。

※ 味噌醃醬使用1次後，只要加熱就能再次使用。為了去除從魚滲出的水分，可添加少量味醂或視情況加入日本酒。

白鯧生魚片

黑染牛蒡　萱草嫩芽　柚子泥

彩頁在38頁

■做法

1 切開白鯧，切去腹骨與中骨。剝除魚皮，以長手切法，切成容易入口的大小。

2 以黑染牛蒡、萱草嫩芽、柚子泥做裝飾。

3 佐上以梅醋1、水1的比例調配，並加有1滴醬油的醬汁。

※ 所謂長手切法，是指在切生魚片時，若長度超過一寸（3cm），會較難直接入口，因此會將魚肉對摺成大小差不多為一寸的生魚片。

※黑染牛蒡做法

①牛蒡切成不規則狀。

②於鐵鍋倒油加熱，烹炒牛蒡。

③加入酒、水煮滾，熄火靜置1小時左右。重複上述動作，使牛蒡變黑。

④第3次加熱時，以鮮味高湯及醬油調味，其後同樣重複加熱，以2天的時間將牛蒡煮到整個變黑。

鹽烤石狗公

彩頁在42頁

算籌生薑

■做法

1 石狗公切成三片後，去除腹骨與中骨。撒鹽後靜置1晚。

2 凹折魚肉單側，用像是縫的方式，插入金屬串再燒烤。

3 佐上切成算籌形狀的醋取生薑。

※所謂算籌，是指將食材切成角柱形狀，屬日本料理用語。

※醋取生薑參照160頁「紅喉烤物」做法。

碗物

彩頁在43頁

石狗公　筍子　萱草嫩芽　柚子

■做法

1 石狗公切成三片後，去除腹骨與中骨。

2 撒鹽，靜置1晚。

3 插入金屬串，灑點酒再燒烤。

4 準備碗物湯汁。以柴魚片取高湯，加鹽與醬油調味。

5 將烤好的石狗公、筍子、萱草嫩芽放入碗中，倒入碗物湯汁，佐上柚子。

石狗公湯注

彩頁在44頁

■做法

1 將石狗公的下巴撒鹽，靜置1小時左右。

2 用烤爐將下巴烤出漂亮顏色，放入容器，倒入熱水。

※若撒較多的鹽，事後加熱水時就能使鹹度變得剛好。

石狗公魚鰭酒

彩頁在45頁

■做法

1 將石狗公的魚鰭撒鹽，靜置1小時左右。

2 烘烤鹽分已充分入味的魚鰭，放入容器，倒入熱燜後上桌。

※魚鰭中，最能取得美味高湯的就屬尾鰭。河豚的魚鰭會放乾後再烤，但石狗公的魚鰭可直接烘烤。將酒加熱至90℃左右再倒入。

鹽烤石狗公兜

彩頁在46頁

葉形生薑

■做法

1 將石狗公魚頭對切兩半，撒鹽，靜置1小時左右。

2 用烤爐烘烤魚頭。

3 佐上葉形生薑。

※烘烤前才撒鹽，以及撒鹽後靜置1晚入味的美味程度截然不同。務必於前1天撒鹽，讓鹽「變乾後」再烤。

※葉形生薑參照160頁「紅喉烤物」做法。

鹽烤石狗公中落

萱草嫩芽　炸浸香菇　柚子泥

彩頁在47頁

■做法

1 將石狗公的中骨撒鹽，靜置1小時左右。
2 用烤爐烘烤。
3 香菇切成適當大小，直接下鍋油炸，浸入以高湯6、醬油1、醋1的比例調成的醃醬後，佐入料理中。

※ 炸浸香菇能用來搭配各式各樣的料理。亦可長時間存放，做為常備菜。

馬頭魚興津干

彩頁在50頁

■做法

1 將馬頭魚頭對切兩半，用酒洗過。
2 加熱2L的酒，使酒精蒸發，添加醬油15cc、鹽20g、少許味精後，放涼。
3 將魚頭放入2的醃醬中，浸漬1晚。
4 接著日曬魚頭1天。
5 以大火拉開距離燒烤。

※ 興津干的醃醬與若狹醃醬相同，關西地區稱為若狹，關東地區稱為興津。

醋押馬頭魚

彩頁在51頁

■做法

1 馬頭魚切成三片後，去除腹骨與中骨。
2 撒鹽，靜置2小時左右。
3 以水3、醋1的比例稀釋醋，放入柚子與生薑皮，浸漬馬頭魚約20分鐘。
4 剝掉馬頭魚皮，切成細條狀。
5 以蔥翁及柚子泥做裝飾，並佐上柚醋。

※ 醋最好是使用白梅醋。自製白梅醋的方法簡單，取外表受損或形狀不佳的梅子，加入相同份量的鹽，接著只須放入琺瑯材質的容器中即可。經過2個月左右即可使用，建議放置3年以上。

※ 蔥翁做法

① 青蔥切成適當長度的圓塊狀。
② 於熱水放入少許的醋、鹽，稍微汆燙青蔥，接著放入冷水，取出中間的芯。
③ 以水6、醋1的比例稀釋醋，加入鹽、味精，接著放入去芯的青蔥，浸漬1晚。

烤馬頭魚鱗

彩頁在52頁

■做法

1 以菜刀削下馬頭魚的鱗片，撒鹽與味精，靜置約1小時。
2 日照曝曬魚鱗。
3 烘烤曬乾的魚鱗。

※ 魚鱗富含鈣質，在以前物資並不是那麼好的年代，魚鱗被認為是非常有價值的料理。

馬頭魚若狹燒

彩頁在53頁

■做法

1 製作馬頭魚醃醬。加熱2L的酒，使酒精蒸發，添加醬油15cc、鹽20g、少許味精、梅乾1顆、少許生薑皮後，加熱煮滾，接著放涼降至常溫。
2 無須刮除魚鱗，直接將馬頭魚切成三片，去掉腹骨與中骨後，切成適當大小。

3 浸漬於醃醬1晚。
4 插入金屬串後燒烤。
5 佐上醋取濱防風。
※ 醋取濱防風作法
① 將濱防風放入加有醋的水中烹煮，接著浸入冷水。
② 以水4、醋1比例調成稀釋醋，加入鹽、味精，放入濱防風浸漬2小時。
※ 馬頭魚醃醬一定要放梅乾。這樣能使魚鱗變軟，增加鮮味。

馬頭魚西京燒

彩頁在54頁

■做法

1 馬頭魚切成三片後，去除腹骨與中骨。
2 製作味噌醃醬。用研磨缽充分混合白味噌（西京味噌）500g、味醂100cc、酒50cc、沙拉油30cc、味精10g。
3 將馬頭魚塊浸漬於味噌醃醬1∫3天。
4 製作抹醬。混合味醂200cc、醬油100cc、砂糖1大匙煮滾，放涼至常溫。
5 將馬頭魚插入金屬串，烤出漂亮顏色，最後再用刷子塗上抹醬。
6 佐上柚子泥，以糖漬柚子做裝飾。
※ 味噌醃醬與浸漬法的詳細說明參照164頁「白鯧西京燒」做法。

馬頭魚吸物

彩頁在55頁

■做法

1 將馬頭魚的中骨撒鹽，靜置約2小時。
2 燒烤1的馬頭魚。
3 用昆布取高湯，加鹽調味，製成碗物湯汁。
4 以容器盛裝烤好的馬頭魚，倒入碗物湯汁，以柚子皮做裝飾。
※ 馬頭魚和昆布高湯非常相搭。此外，青皮魚則適合搭配柴魚高湯。

鯛兜煮

彩頁在58頁

■做法

1 仔細刮除鯛魚頭的鱗片，澆淋熱水，充分水洗後，放入鍋中。
2 加入以醬油1、味醂2、酒1的比例混合而成的調味料，接著倒入能蓋過食材的水、適量的砂糖、薑片、芝麻油，烹煮鯛魚頭。
3 當滷汁變少，即可熄火，盛裝於容器，並於上方擺放山椒芽。
※ 烹煮時會添加芝麻油，是因為養殖鯛魚的油脂會隨烹煮時間流失。若使用野生鯛做兜煮，則無須添加芝麻油。

鯛魚生魚片

白蘿蔔　柚子泥　春蘭　梅肉　山葵

彩頁在60頁

■做法

1 鯛魚切成三片後，去除腹骨與中骨。保留魚皮，分成好切做生魚片的大小。在魚皮澆淋熱水後，立刻浸入冰水。

2 擦拭水分，切成生魚片。

3 以白蘿蔔、柚子泥、春蘭、梅肉、山葵做裝飾。

※ 白蘿蔔可先桂削後，再捲回原本的形狀，接著去掉中間的白蘿蔔，切成半月形狀。此形狀又稱為弓千段。

鮮滷鯛白子

彩頁在61頁

■做法

1 筍子去澀，切成容易入口的大小。

2 以醬油1、酒1、味醂2的比例調製調味料，接著加入適量的水、薑片、砂糖、芝麻油後煮滾。

3 放入鯛魚精囊與筍子煮熟。

4 盛裝於容器，佐上油菜。

※ 加芝麻油能增添濃郁及鮮味。

油炊鯛魚

彩頁在62頁

■做法

1 鯛魚切成三片後，去除腹骨與中骨。剝除魚皮，削切成片。

2 於土鍋內鋪放切成適當程度的帶根鴨兒芹，接著放入海苔、松子、芝麻、青紫蘇、薑泥、土當歸薄片、小顆米菓。

3 排入削切成片的鯛魚肉。

4 一口氣淋入加熱到滾燙的沙拉油。

5 沾取柚醋後享用。

※ 除帶根鴨兒芹，水芹或京水菜亦是美味。此外，加入核桃也會充滿香氣。

※ 亦可使用其他種類的白身魚。

鯛魚生魚片

白蘿蔔　黑染蓮藕　油菜　胡蘿蔔　山葵

彩頁在64頁

■做法

1 鯛魚切成三片後，去除腹骨與中骨。剝除魚皮，削切成片。

2 以白蘿蔔、黑染蓮藕、油菜、胡蘿蔔、山葵做裝飾。

3 佐上白梅醋與醬油。

※ 裝飾用白蘿蔔是重疊數片桂切白蘿蔔後，再切整齊。此形狀又稱為千段。

※ 黑染蓮藕做法

① 蓮藕削皮，切成5mm厚。

② 於鐵鍋倒油加熱，烹炒蓮藕。

③ 加入酒、水煮滾，熄火靜置1小時左右。重複上述動作，使蓮藕逐漸變黑。

④ 第3次加熱時，以醬油及味精，其後繼續烹煮，將蓮藕煮到整個變黑。

※ 自製白梅醋的方法簡單，取外表受損或形狀不佳的梅子，加入相同份量的鹽，接著只須放入琺瑯材質的容器中即可。經過2個月左右即可使用，建議放置3年以上。

※所謂寄向（寄せ向こう），是指懷石料理擺盤時的一種意象。照理說，向客人上菜時，應使用相同的器皿，但這裡刻意以不同的器皿盛裝料理，就像是收集了各種容器一樣，讓容器也成了享受的樂趣之一。

鹽烤鯛魚下巴與腹骨

蠶豆　醋取生薑

彩頁在65頁

■做法

1 切下鯛魚魚頭，切開下巴。
2 撒鹽後靜置1晚。
3 用酒洗過，擦拭水分，插入金屬串，撒鹽後燒烤。
4 佐上糖漬蠶豆與醋取生薑。

※糖漬蠶豆是將蠶豆汆燙後，浸漬於砂糖或糖蜜中。
※醋取生薑參照160頁「紅喉烤物」做法。

鯛魚吸物

彩頁在66頁

■做法

1 將鯛魚下巴及腹骨撒鹽，靜置2小時左右。
2 下巴及腹骨用酒洗過後，燒烤。
3 筍子去澀，切成容易入口的大小。
4 土當歸切薄片。
5 以柴魚片取高湯，加鹽、醬油調味，做成碗物湯汁。
6 將筍子、烤好的鯛魚、土當歸放入碗中，倒入碗物湯汁。以山椒芽及剁碎的梅乾做裝飾。

※亦可用鯛魚下巴及腹骨做成潮汁（譯註：以鮮魚烹煮，僅加鹽調味的清湯）。製作潮汁時，須先將魚撒鹽，靜置2小時後，澆淋熱水並水洗冷卻，去除表面髒污後再使用。

鯛魚油菜保科拌菜

彩頁在67頁

■做法

1 鯛魚切成三片後，去除腹骨與中骨。剝除魚皮，將魚肉切成一口大小。
2 以鹽水汆燙油菜，接著放入冷水，瀝掉水後，切成一口大小。
3 將2的鯛魚與油菜拌和，加鹽、味精、沙拉油調味。

※保科是指保科正之，一位相當著名的會津藩主。據說保科家族相當積極導入沙拉油等，那個年代非常稀有的食材。這道料理名稱就是取自保科正之的名字。

火取比目魚

白蘿蔔　金時胡蘿蔔　山葵　黑染蓮藕
山菊　梅醋　醬油

彩頁在70頁

■做法

1 比目魚切成五片後，去除腹骨，無須剝除魚皮。
2 將20～25支金屬串直接放在火上烤到通紅，接著在比目魚皮上按壓，留下烤痕。
3 把烤過的比目魚浸冰水，降溫後拭乾水分。
4 放入冰箱冷藏約1小時。
5 切成容易入口的大小，盛裝於容器。
6 以桂削白蘿蔔、胡蘿蔔、黑染蓮藕、山菊、山葵做裝飾。

※ 切比目魚時，帶點厚度會更美味。
※ 白蘿蔔是將約8片的桂削白蘿蔔重疊後，再切出小鳥形狀。
※ 黑染蓮藕參照168頁「鯛魚生魚片」做法。

比目魚昆布締

萱草嫩芽　黑染牛蒡　山葵　梅醋

彩頁在71頁

■做法

1 比目魚切成五片後，去除腹骨、剝除魚皮。
2 將比目魚夾入昆布中，放置冰箱冷藏1晚。
3 切成生魚片，盛裝於容器。
4 以鹽水汆燙的萱草嫩芽、黑染牛蒡、山葵做裝飾。
5 將梅醋加3倍的水稀釋後，一同上桌。

※ 時間較趕時，可將切好的比目魚排列在昆布上，並用昆布覆蓋，置於常溫2小時左右。
※ 黑染牛蒡參照165頁「白鯧生魚片」做法。

比目魚障子

彩頁在72頁

■做法

1 以菜刀將比目魚中骨切成容易入口的大小。
2 將比目魚中骨撒鹽，靜置1晚。
3 小心燒烤，直到整體烤出顏色。

※ 很容易烤焦，因此燒烤的難度比想像中高。比目魚骨很硬，但烤過之後就能食用。養殖比目魚的魚骨亦可多加運用。

不昧喜平目

萱草嫩芽　山葵

彩頁在73頁

■做法

1 筍子去澀，切成一口大小。
2 比目魚切成五片後，去除腹骨、剝除魚皮，切成長薄片。
3 用比目魚捲起切成一口大小的筍子，盛裝於容器。
4 佐上鹽水汆燙的萱草嫩芽與山葵。

※ 不昧是出雲松江藩主，松平治鄉的雅號。料理名稱的靈感來自於同為茶人的不昧公給人的印象。

比目魚薄造
下仁田蔥　紅葉泥　杏仁

彩頁在74頁

■做法

1 比目魚切成五片後，去除腹骨，切成薄片後，盛裝於容器。

2 下仁田蔥切成圓塊狀。

3 佐上紅葉泥與鹽漬杏仁。

※這裡的杏仁，是指將梅子或杏桃種子取出內核後，用白梅醋加以醃漬。將取出的內核浸漬於濃度2％的鹽水1晚，去皮洗淨後，再浸入以白開水3、白梅醋1比例調成的稀釋醋。

※自製白梅醋的方法簡單，取外表受損或形狀不佳的梅子，加入相同份量的鹽，接著只須放入琺瑯材質的容器中即可。經過2個月左右即可使用，建議放置3年以上。

比目魚卵磯邊碗物
海苔　筍子　蔥　梅肉　柚子

彩頁在76頁

■做法

1 用加了酒與鹽的熱水汆燙比目魚卵。

2 筍子去澀，以清湯炊煮。

3 用柴魚片及昆布取高湯，加鹽、醬油調味。

4 海苔捏碎放入碗中，擺入筍子及比目魚卵，倒入3的碗物湯汁。佐上青蔥、梅肉、柚子。

※基本的清湯可用柴魚片及昆布先取高湯後，再添加高湯0.8％的鹽及少許味精調味。

烤浸比目魚皮

彩頁在77頁

■做法

1 用烤爐分別烘烤比目魚緣側肉及魚皮。

2 加紅葉泥與柚醋拌勻。

3 盛裝於容器。

※這裡的比目魚皮是用烤的，但也可油炸後，稍微過個熱水（湯引），再沾柚醋品嘗。

比目魚兜湯注

彩頁在77頁

■做法

1 將去除魚鰓的比目魚頭撒鹽，靜置1晚。

2 燒烤魚頭，放入容器。

3 接著放入蔥、青紫蘇、海苔、小顆米菓、梅肉，倒入熱水後上桌。

※這道料理不同於清湯，可做為用餐尾聲的料理品嘗，因此若覺得出菜的份量稍有不足時，端這道料理上桌都能讓客人吃得津津有味。

鱸洗雙拼

醋取濱防風　山葵

彩頁在80頁

■做法

●湯洗（前）

1 片切鱸魚，去除腹骨與中骨。剝除魚皮後，切成大塊。

2 準備48℃左右的熱水，迅速沖洗鱸魚。

3 立刻浸入冰水，擦拭水分。

●洗（後）

1 片切鱸魚，去除腹骨與中骨。剝除魚皮後，切成薄片。

2 準備40℃左右的熱水，仔細沖洗鱸魚。

3 浸入冰水，擦拭水分。

4 盛盤，佐上醋取濱防風、山葵，並附上蓼醋、白梅醋、紅梅醋。

※醋取濱防風參照167頁「馬頭魚若狹燒」做法。

※蓼醋做法

① 在白米中加入1成的糯米，加入米量10倍的水，以小火煮1小時，製作米糊（清粥上面的湯汁）。

② 將①倒入濾網，下方擺放器皿，使其自然滴落。

③ 用研磨缽研磨蓼葉30g、鹽10g，與濾好的米糊混合。

④ 上桌前，添加少量的醋。

※自製白梅醋的方法簡單，取外表受損或形狀不佳的梅子，加入相同份量的鹽，接著只須放入琺瑯材質的容器中即可。經過2個月左右即可使用，建議放置3年以上。

※赤梅醋是將梅肉加入白梅醋中。

鱸魚生魚片

白蘿蔔　黑染蓮藕　濱防風　梅肉　山葵

彩頁在82頁

■做法

1 處理鱸魚，剝除魚皮，去除腹骨與中骨，削切成片。

2 準備器皿，漂亮地擺放在白蘿蔔上，以黑染蓮藕、濱防風、山葵做裝飾，在最上方擺放梅肉，並佐上蓼醬油。

※蓼醬油是先將蓼葉搗碎後，加入米糊，逐量添加生醋，並以鹽、味醂、淡味醬油調配而成。事先準備時，可於上桌前再加醋，避免變成黑褐色。

※黑染蓮藕參照168頁「鯛魚生魚片」做法。

鱸魚鹽辛

彩頁在83頁

■做法

1 充分洗淨鱸魚魚胃，切成細條狀。

2 將魚胃撒抹較多的鹽，放置冰箱冷藏1晚。

3 用酒洗過，再次撒抹大量的鹽，接著靜置冰箱冷藏約1週。

4 盛裝於容器，澆淋薑汁。

※鱸魚魚胃與消化道相連，呈袋狀。有時會在胃裡發現竹筴魚或沙丁魚，相當容易分辨。

鱸魚奉書燒

（不昧公大阪燒）

彩頁在84頁

■做法

1 鱸魚切成三片後，去除腹骨與中骨。將魚肉切成能用奉書紙包裹的大小，撒鹽，靜置2小時。

2 切掉香菇蒂頭，在菇傘劃刀。蓮藕雕成花的形狀並汆燙。

3 將2的材料、花雕生薑、杏仁、紅梅以奉書紙包裹，噴灑酒，撒點鹽後，以烤爐烘烤。

4 佐上蓼醋，即可上桌。

※將香菇改成松茸，能讓菜餚更有格調。

※花雕生薑參照160頁「紅喉烤物」裡，醋取生薑做法。

※杏仁參照171頁「比目魚薄造」做法。

※紅梅做法

①用針刺青梅，以日本酒充分搓揉，浸漬於砂糖2~3天。

②在10L的水加入砂糖4kg、少量日本酒、醋2L，倒入紅色食用色素，將顏色染紅。開火煮滾後，熄火並放入梅子，浸漬1晚。

③倒入琺瑯容器、玻璃罐或陶甕，以保鮮膜密封，放置10天左右。

※蓼醋參照「鱸洗雙拼」做法。

鹽烤鱸魚下巴

彩頁在86頁

■做法

1 將鱸魚下巴撒鹽，靜置1晚。

2 插入金屬串後燒烤。

3 以葉形醋取生薑及檸檬做裝飾。

※下巴的胸鰭很硬，須切除。

※醋取生薑參照160頁「紅喉烤物」做法。

鱸魚薩摩揚

彩頁在87頁

■做法

1 處理鱸魚，去除腹骨與中骨，剝除魚皮。接著用刀鋒細細剁碎魚肉。

2 將鱸魚肉放入研磨缽，加鹽、味精混合，接著分別加入適量的蛋白、麵粉、太白粉、昆布水、薑汁並混合。最後放入核桃、剁碎的青紫蘇、金平牛蒡混合。

3 取適當大小，下鍋油炸。

※使用食物料理機能更輕鬆地製作薩摩揚的麵衣。將鱸魚肉與昆布水除外的調味料放入食物料理機攪打，接著以昆布水調整硬度，最後加入核桃等用料拌勻即可。

川尻碗

彩頁在88頁

■做法

1 處理鱸魚，去除腹骨與中骨，剝除魚皮。接著用刀鋒細細剁碎魚肉。

2 將鱸魚肉放入研磨缽，加鹽、味精並混合，接著分別加入適量的蛋白、麵粉、太白粉、昆布水並混合，最後再放入山椒芽並加以混合。

3 在熱水加入酒、鹽、味精，將魚丸漿撈放入其中，以小火烹煮。

4 以柴魚片取高湯，加鹽、醬油調味，製作碗物湯汁。

5 將魚丸放入碗中，倒入碗物湯汁。以土當歸薄片做裝飾。

※只要好好利用食物料理機，就能快速製作魚丸。在切下的鱸魚放入調味料，以食物料理機調理，視硬度添加昆布水。最後加入山椒芽，再加以攪拌。

※川尻是常磐的地名，能捕獲好品質的鱸魚。

炙燒鱸魚皮

彩頁在90頁

■做法

1 在鱸魚魚皮撒鹽、味精，靜置1小時左右。
2 將魚皮捲在燈台樹枝上，未捲皮的部分則包覆鋁箔紙，以防烤焦。
3 將魚皮直接放在火上炙燒。
4 佐上檸檬與切成葉片形狀的醋取生薑。

※只要是夏季樹木，其樹枝都能用來捲魚皮，當中又以大葉釣樟的香氣最棒，最為合適。
※醋取生薑參照160頁「紅喉烤物」做法。

鱸魚南蠻漬

彩頁在91頁

■做法

1 處理鱸魚，去除腹骨與中骨。分切成容易入口的大小，撒鹽後靜置2小時。
2 混合水400cc、醋100cc、鹽5g、少許味精、檸檬汁30cc，製作醃醬。
3 鱸魚直接下鍋油炸後，浸漬於2的醃醬。
4 分別將土當歸、牛蒡、蘘荷、胡蘿蔔、青蔥切成薄片，放入醃醬，浸漬約2小時。

※牛蒡能在味道表現上畫龍點睛，因此務必添加。
※若使用白梅醋，酸味會較柔和。白梅醋參照168頁「鯛魚生魚片」做法。

鱸魚湯注

彩頁在92頁

■做法

1 將鱸魚中骨撒較多的鹽，靜置約2小時。
2 將烤過的中骨放入容器。
3 接著放入切好的青紫蘇、鴨兒芹，以及小顆米菓及梅乾後，倒入熱水。

※若撒較多的鹽，事後加熱水時就能使鹹度變得剛好。

鱸魚湯漬

彩頁在93頁

■做法

1 處理鱸魚，將魚肉塊撒較多的鹽，靜置約2小時。
2 烘烤鱸魚。
3 於器皿盛入白飯，放入鹽烤鱸魚、土當歸薄片、青紫蘇、松子、芝麻。
4 分別加入少許薑汁、醬油、芝麻油，接著倒入熱水。

※亦可改用其他的鹽烤白身魚。因為是澆淋熱水，因此日文稱「湯漬」（熱水泡飯），若是改用焙茶等茶類，則改稱「茶漬」（茶泡飯）。

沙丁魚生魚片

山椒芽　生薑

彩頁在96頁

■做法

1 去除沙丁魚的腹骨與中骨，以水1、醋1的比例調配稀釋醋，將沙丁魚稍微浸入醋中。
2 將沙丁魚切成容易入口的細長條狀。
3 切掉鬼柚子上方，擺入沙丁魚。並以大量薑泥及稍微汆燙過的山椒芽做裝飾。

※沙丁魚可切成格紋狀或細條狀。

沙丁魚梅煮

山椒芽

彩頁在97頁

■做法

1 刮除沙丁魚鱗片，以捲筷法拉出魚鰓及內臟。

2 直接燒烤1的沙丁魚。

3 於水中加入醋、生薑皮、梅乾，製作滷汁，放入2的沙丁魚，以小火燉滷30分鐘，直到魚骨變軟。

4 於滷汁加入砂糖與醬油，再以小火烹煮4～5小時。

5 將沙丁魚盛裝於容器，以一同烹煮的梅乾、汆燙後沾裹沙拉油的山椒芽做裝飾。

鹽烤沙丁魚

葉形生薑

彩頁在98頁

■做法

1 刮除沙丁魚鱗片，以捲筷法拉出魚鰓及內臟。

2 將整條沙丁魚撒鹽，靜置約2小時。

3 以玉酒（加水稀釋的酒）洗過，擦拭水分，插入金屬串後，撒鹽。仔細地以鹽搓揉胸鰭、腹鰭、尾鰭，整塑出形狀。

4 用烤爐慢火烘烤。

5 盛裝於容器，以葉片形狀的醋取生薑做裝飾。

※醋取生薑參照160頁「紅喉烤物」做法。

沙丁魚炸物三拼

（兜、中骨、潮濾）

彩頁在99頁

■做法

1 將沙丁魚頭、中骨、魚鰭曬半天左右。

2 以玉酒（加水稀釋的酒）洗過，擦拭水分。

3 以中溫熱油，慢火油炸。

※起鍋後再下鍋油炸會變得更酥脆。

※魚頭上的胸鰭若不曬乾，雖然下鍋油炸時能漂亮地展開來，但品嘗起來較不美味。

沙丁魚梅里拌物

彩頁在100頁

■做法

1 沙丁魚切成三片後，削去腹骨，拔取中骨。

2 以水1、醋1比例調配稀釋醋，將沙丁魚稍微浸入醋中。剝除魚皮，斜切成細條狀。

3 用手捏碎梅乾、青紫蘇、海苔，與山椒芽稍微拌勻。

4 將2的沙丁魚放入料理盆，加入3與小顆米菓。滴入極少量的醬油，增加香氣。

※3條沙丁魚大約須搭配使用3顆梅乾與20片青紫蘇。

油漬沙丁魚

山椒芽

彩頁在101頁

■做法

1 沙丁魚切成三片後，去除腹骨，拔取中骨。

2 撒鹽，靜置2小時後，凹折魚肉單側，叉入金屬串並燒烤。

3 浸漬於沙拉油1晚。

4 盛裝於容器，佐上沾裹沙拉油的汆燙山椒芽。

※浸漬於沙拉油中就能長時間存放。

漬鯖魚

筍子　萱草嫩芽　柚子泥　梅肉

彩頁在104頁

■做法

1 鯖魚切成三片後，去除腹骨與中骨。
2 撒較多的鹽，短則靜置30分鐘，長則2小時。其後將魚肉水洗。
3 以水4、醋1的比例調配稀釋醋，加入柚子、梅乾、生薑、檸檬汁，將2的鯖魚浸漬30～40分鐘。
4 剝除魚皮，分切魚肉。以汆燙去澀的筍子、萱草嫩芽、柚子泥、梅肉做裝飾。

※ 若使用的鯖魚沒有鮮味，則可在3的稀釋醋加入昆布，藉此增添鮮味。

鹽烤鯖魚

白蘿蔔乙女拌物

彩頁在106頁

■做法

1 鯖魚切成三片後，去除腹骨與中骨。撒鹽，靜置1晚。
2 插入金屬串，用烤爐烘烤。
3 以熱水稍微汆燙白蘿蔔，放入冷水降溫，擦拭水分，與梅肉拌勻。

※ 將魚肉彎曲串插成漂亮形狀。此方法稱為「波串」。

鯖魚味噌煮

彩頁在107頁

■做法

1 將1條鯖魚切成圓塊狀後水洗。
2 澆淋熱水，接著放入水中，充分洗淨血水。
3 將鯖魚擺入鍋中，倒入水1.5L、酒200cc、薑片30g，烹煮約1小時。
4 接著加入砂糖250g與醬油75cc，再繼續烹煮，最後加入田舍味噌100g。

※ 若是以養殖鯖魚做味噌煮，可在烹調時放入梅乾，去除臭腥味。3條鯖魚大約須1顆梅子。梅子愈酸愈好。

碗物

鯖魚腹骨　白蘿蔔　柚子泥

彩頁在108頁

■做法

1 將鯖魚腹骨撒鹽並燒烤，接著下鍋油炸。
2 白蘿蔔切成長方形並汆燙。加鹽調味昆布高湯，將白蘿蔔煮到入味。
3 用柴魚片淬取高湯，以鹽、醬油調味，製作碗物湯汁。
4 盛裝2的白蘿蔔與烤好的鯖魚腹骨，倒入3的碗物湯汁，佐上柚子泥。

※ 在鯖魚湯物中，就以用中骨及腹骨取高湯製成的船場汁最為人所知。這裡將腹骨先烤後炸，因此能夠連魚骨一同享用。

寒鯖白子

彩頁在109頁

■做法

1 以冷水充分洗淨鯖魚精囊，再以鹽水清洗。
2 將鯖魚精囊切成適當大小並盛於容器。
3 澆淋檸檬汁，佐上柚子泥，並附上醬油供人品嘗。

※ 佐紅葉泥或柚醋品嘗同樣美味。

鯖白子鹽辛

彩頁在110頁

■做法

1 將鯖魚精囊撒大量的鹽，放置冰箱冷藏1週左右。

2 浸酒去鹽，切成細條狀。

3 盛裝於容器，佐上柚子泥。

※ 以酒去鹽能排除多餘鹽分，展現甜味。此外，切小塊能增加接觸空氣面積，帶出鮮味。

酥炸潮濾

彩頁在112頁

■做法

1 將鯖魚魚鰓充分洗淨後，再以鹽水清洗。

2 仔細擦拭水分，澆淋酒。撒上鹽與味精，靜置1晚。

3 用烤爐烘烤後，放涼。

4 下鍋油炸。

※ 為去除腥味，仔細水洗的步驟相當重要。直接下鍋油炸雖然也可食用，但先烤再炸，能加強鮮味表現。

鯖魚兜揚

彩頁在113頁

■做法

1 鯖魚魚頭對切兩半，水洗。

2 撒鹽與味精，靜置1晚。

3 用酒洗過後燒烤，放涼。

4 下鍋油炸。

※ 魚頭只用烤的會很硬，只用炸的會有苦味。先烤後炸不僅更容易食用，亦充滿香氣。

竹筴魚生魚片

小黃瓜　梅乾　山藥　生薑　山菊

彩頁在116頁

■做法

1 竹筴魚切成三片後，去除腹骨與中骨，剝除魚皮。

2 在竹筴魚劃入細格紋狀，切成容易入口的大小。

3 盛裝於容器後，以小黃瓜、梅乾、山藥、生薑、山菊做裝飾。

※ 切竹筴魚的方法稱為布目。此切法能讓富含油脂的魚類更容易沾裹醬油。

竹筴魚造型生魚片

山藥　小黃瓜　檸檬　生薑　山菊

彩頁在118頁

■做法

1 將竹筴魚連著魚頭切成三片後，去除腹骨與中骨。

2 剝除肉身的魚皮，切成容易入口的大小。

3 在中骨漂亮地擺放魚肉，以山藥、小黃瓜、檸檬、生薑、山菊做裝飾。

※ 撕開部分胸鰭放入鰓蓋的話，便能讓魚鰭立起，如此一來就算不使用牙籤，也能擺盤出漂亮形狀。

酥炸竹筴魚中落

彩頁在119頁

■做法

1 在竹筴魚魚骨撒鹽，靜置1晚。
2 用酒洗過，以大火拉開距離燒烤。
3 下鍋油炸。
4 盛裝於容器，佐上算籌形狀的醋取生薑。

※醋取生薑參照160頁「紅喉烤物」做法。

※所謂算籌，是指將食材切成角柱形狀，屬日本料理用語。

鹽烤竹筴魚

彩頁在120頁

葉形生薑　萊姆

■做法

1 刮除竹筴魚鱗片，挖掉內臟類並水洗。
2 整條魚撒鹽，靜置2小時左右。
3 用酒洗過後，插入金屬串，撒鹽。胸鰭、腹鰭、尾鰭仔細抹鹽並塑形。
4 用烤爐慢火燒烤。
5 盛裝於容器，佐上葉形生薑與萊姆。

※醋取生薑參照160頁「紅喉烤物」做法。

炸竹筴魚頭

彩頁在121頁

■做法

1 竹筴魚頭撒鹽，靜置1晚。
2 用酒洗過後，用大火拉開距離烘烤。
3 下鍋油炸。

※若不立刻料理，則勿撒鹽，放入冰箱冷凍，並於使用的前1天解凍、撒鹽，靜置1晚後再料理。

油漬竹筴魚

彩頁在122頁

萊姆　梅乾　花雕生薑

■做法

1 竹筴魚切成三片後，去除腹骨，拔取中骨。
2 撒鹽，靜置2小時後，再以烤爐烘烤。
3 浸入沙拉油1晚。
4 盛裝於容器，佐上花雕形狀的醋取生薑。

※浸漬於沙拉油能拉長保存期間，生魚片用不完的竹筴魚很適合做成這道菜餚。

※醋取生薑參照160頁「紅喉烤物」做法。

竹筴魚梅里拌物

彩頁在123頁

■做法

1 竹筴魚切成三片後，去除腹骨，拔取中骨。
2 剝除魚皮，切成細條狀。
3 用手捏碎青紫蘇、梅乾、海苔，將蘘荷切成薄片。
4 將2的竹筴魚放入料理盆，與3混合，加入小顆米菓、芝麻、芝麻油、薑泥、醬油調味。

※這原本是道使用白身魚的料理，但其實改用馬頭魚也很美味。

紅魽生魚片

白蘿蔔　金時胡蘿蔔　柚子泥　山葵
山菊　柑橘醋醬油

彩頁在126頁

■做法

1 紅魽切成三片，去除腹骨與中骨，剝除魚皮。在背側劃入細刀痕（簾切）後，以長手切法處理。腹側魚肉則是劃入細格紋狀的切痕（布目切）後，擺盤。

2 重疊桂削白蘿蔔做裝飾，佐上柚子泥與山葵。

3 準備加入紅葉卸（紅蘿蔔泥中加入辣椒或白蘿蔔）的醬油。

※ 所謂長手切法，是指在切生魚片時，若長度超過一寸（3cm），會較難直接入口，因此會將魚肉對摺成大小差不多為一寸的生魚片。

※ 用來裝飾的白蘿蔔則是重疊數片桂削白蘿蔔與1片金時胡蘿蔔，並切成菱形，此切法稱為菱妻（菱づま）。

照燒紅魽

白蘿蔔　梅肉　滷大蒜

彩頁在128頁

■做法

1 將紅魽魚塊浸漬於以味醂2、醬油1比例調成的醃醬1晚。

2 在味醂2、醬油1比例的醃醬中，添加少許雙目糖，加熱至雙目糖融化。

3 將紅魽插入金屬串，邊沾抹2邊燒烤。

4 擺盤烤好的紅魽、桂削後捲回原本形狀的白蘿蔔、梅肉及滷大蒜。

※ 滷大蒜做法

① 剝掉大蒜表皮，在大量的水加入醋與大蒜，煮到沸騰後，熄火，靜置1小時。

② 浸入冷水1晚。

③ 將大蒜擺入鍋中，倒入砂糖（用量為大蒜重量的45%），加入大量的水，開火加熱。煮滾後，再以小火慢慢收汁。

④ 收汁後即可熄火，繼續放在鍋中1晚，使其入味。

⑤ 將大蒜排列在篩子上風乾。

紅魽滷白蘿蔔

彩頁在129頁

■做法

1 紅魽魚骨澆淋熱水後，水洗。

2 紅魽放入鍋中，加入以醬油1、味醂2、酒1、砂糖1的比例調配而成的調味料，以及芝麻油、能蓋過食材的水，加以燉煮。

3 放入切成適當大小的白蘿蔔、薑片、青蔥烹煮。

4 滷汁變少後，即可熄火。

5 盛裝於容器，佐上柚子皮。

※ 像紅魽這類油脂豐富的魚類最適合用芝麻油調味。

鹽烤紅魽下巴

白蘿蔔　葉形生薑

彩頁在130頁

■做法

1 將紅魽下巴撒鹽，靜置1晚。

2 插入金屬串後燒烤。

3 重疊切取桂削白蘿蔔。佐上切好的白蘿蔔與葉形的醋取生薑。

※ 醋取生薑參照160頁「紅喉烤物」做法。

紅鮒魚胃醋物

彩頁在131頁

柚子泥　絹絲薑酥　柚醋

■做法

1 切開白鮒魚胃，用菜刀刮除髒污後，水洗。
2 在熱水加入少許的酒，烹煮魚胃。
3 放入冷水降溫，擦拭水分，盛裝於容器。
4 倒入柚醋，佐上柚子泥與絹絲薑酥。
※ 絹絲薑酥（金絲薑酥）參照163頁「湯引日本鬼鮋皮」做法。

白鮒冷盤

彩頁在134頁

■做法

1 白鮒切成三片後，去除腹骨與中骨。剝掉魚皮，切成薄片後，擺入容器中。
2 製作芝麻醬油淋醬。取相同份量的芝麻油、醋、醬油、檸檬汁、美乃滋拌勻。
3 在白鮒上澆淋醬汁，撒入小顆米菓。
※ 這是道能夠享受白身魚、青皮魚、赤身魚各種魚類的料理。基本上，所有的魚類和油、醬油都非常相搭，是會特別推薦給年輕人的吃法。
※ 美乃滋參照163頁「日本鬼鮋沙拉」做法。

白鮒生魚片

彩頁在135頁

白蘿蔔　濱防風　柚子泥　絹絲薑酥　山葵

■做法

1 白鮒切成三片後，去除腹骨與中骨，剝掉魚皮。在背側劃入細刀痕（簾切）後，以長手切法處理。
2 以置淡路、濱防風、柚子泥、金絲薑酥、山菊做裝飾。
3 佐上醬油與芝麻醬油淋醬。
※ 所謂長手切法，是指在切生魚片時，若長度超過一寸（3cm），會較難直接入口，因此會將魚肉對摺成大小差不多為一寸的生魚片。
※ 將8片桂削白蘿蔔重疊，切成2cm寬，捲成圓形，並讓右側靠上，稱為置淡路（置き淡路）。
※ 金絲薑酥參照163頁「湯引日本鬼鮋皮」做法。
※ 芝麻醬油淋醬參照前述「白鮒冷盤」做法。

白鮒魚骨羹

彩頁在136頁

■做法

1 將白鮒魚骨及下巴撒鹽，靜置1晚。
2 用烤爐烘烤後，再下鍋油炸。
3 用醬油、味精調味高湯，加入太白粉勾芡，並加入薑汁。
4 胡桃、松子、香菇直接下鍋油炸。
5 於容器中擺入炸好的白鮒、4的胡桃等食材，並放上切成適當大小的水芹。
6 加熱3，澆淋在5上。
※ 在烤白鮒魚骨時，須用鋁箔紙包裹，避免魚鰭烤到分離。